# 农田土壤微塑料检测技术手册

## Technical Manual for Determination of Microplastics in Agricultural Soils

戚瑞敏　胡　灿　崔吉晓　白润昊　唐圆圆　严昌荣　著

中国农业出版社
北　京

# 项 目 资 助

本技术手册由国家自然科学基金国际合作与交流项目（组织间合作研究 NSFC-UNEP）“亚洲典型农区土壤微塑料特征与农业塑料应用和管理策略研究（32261143459）”，英国自然环境研究理事会和全球挑战研究基金项目“农业微塑料是否影响发展中国家的粮食安全和可持续发展（NE/V 005871/1）”，国家自然科学基金项目“膜下滴灌作用下新疆农田土壤中微塑料特征分布规律与入渗迁移机理研究（32060288）”，内蒙古自治区科技计划项目“内蒙古沿黄灌区土壤微塑料污染特征及防治技术研究（2022YFHH0042）”和广东省自然科学基金项目（杰出青年项目）“环境中塑料向微/纳塑料的老化机制研究（2021B1515020041）”资助。

# ACKNOWLEDGMENTS

This work was supported by the Projects of International Co-operation and Exchange of the National Natural Science Foundation of China titled "Study on environmental effects of soil microplastics and agri-plastic management strategies in typical Asian agricultural regions" (NSFC-UNEP: 32261143459), the UKRI Global Challenges Research Fund (GCRF) and the Natural Environment Research Council project titled "Do agricultural microplastics undermine food security and sustainable development in less economically developed countries? " (NE/V005871/1), the National Natural Science Foundation of China project titled "Study on the distribution characteristics of microplastics and their mechanism of infiltration and migration in farmland under drip irrigation under plastic film in Xinjiang" (32060288), the Science and Technology Program of Inner Mongolia Autonomous Region titled "Study on the characteristics and the control technology of soil microplastic pollution in the irrigation areas along the Yellow River of Inner Mongolia" (2022YFHH0042), and the Natural Science Foundation Project of Guangdong Province (Outstanding Youth Project) titled "Research on the aging mechanism of plastics to micro/nano plastics in the environment" (2021B1515020041).

# 内 容 简 介

土壤微塑料分离与检测是陆地土壤环境中微塑料污染研究的基础和技术难点，目前已有多种土壤微塑料的分离与检测方法，但由于土壤环境的复杂性，尚没有统一的分离和检测技术标准。本技术手册囊括了土壤样品采集与前处理、微塑料分离与检测方法的主要技术参数和工艺流程，以及计量方法和质量控制等全部操作规程，并对比分析了不同分离和检测方法的效率和优缺点，针对不同场景给出了农田土壤中微塑料分离和检测技术的选择原则，规定了土壤环境中不同粒级微塑料分离与检测的具体操作步骤，旨在建立统一的土壤微塑料采样和检测技术规范，使土壤微塑料分离、识别和鉴定方法标准化，为研究不同区域农田土壤中微塑料赋存特征及建立全国农田土壤微塑料分布特征数据库奠定基础。

此外，本技术手册还涵盖了中国新疆长期覆膜棉田、河套灌区和华北集约农区三种典型农田土壤微塑料的分离和检测技术流程，并对三种案例进行了详细解析，可为读者提供参考。

# Book Description

The detection of microplastics in soil constitutes the foundational and pivotal challenge in investigating microplastic pollution within terrestrial ecosystems. Despite the existence of multiple methodologies for detecting soil microplastics, the absence of a unified standard for microplastic detection in agricultural soils underscores the complexity of the soil environment.

This technical manual comprehensively addresses the principal technical parameters and procedural intricacies associated with soil microplastic detection, encompassing soil sample collection and pretreatment, methodologies for microplastic separation and detection, and associated metrological techniques and quality control measures. Through comparative analysis, it evaluates the efficacy of various detection methodologies, delineates their respective advantages and limitations, and elucidates the underlying technological principles governing microplastic detection in agricultural soils across diverse scenarios. Furthermore, it furnishes explicit operational guidelines for detecting microplastics of varying size fractions within the soil environment.

The overarching objective of this technical manual is to establish standardized techniques for the sampling and detection of soil microplastics, thereby facilitating the uniformization of methodologies for microplastic separation and identification in agricultural soils. It aims to lay the groundwork for the establishment of a national database and the comparative analysis of microplastic distribution characteristics across different agricultural regions.

Additionally, this manual provides detailed insights into micro-plastic detection within three distinct agricultural regions (namely, Xinjiang province, the Hetao Irrigation area, and the intensive farming area in northern China), offering a meticulous analysis of processes and outcomes to serve as a valuable reference for readers.

# 前言

塑料，被称为20世纪50年代最“伟大”或最“糟糕”的发明，正深刻影响着我们人类，这种影响几乎涉及社会方方面面，人们生活的每一个细微之处。自塑料产生之日起，全球已累积生产约100亿吨，其中55%被送往垃圾填埋场或被丢弃到环境中，塑料污染已经成为气候变化外的另一个全球性挑战。微塑料作为塑料污染带来的次生污染物，在2004年由英国科学家Thompson首次提出，并认为在海洋、湖泊、河流中大量存在。2012年，德国科学家Rillig认为陆地环境（土壤）中也存在大量微塑料，土壤微塑料问题逐渐成为一个研究的热点。我国作为塑料生产和消费大国，微塑料问题也不可避免。近年来，一些环境方面的科学家开始关注微塑料，尤其是农田土壤微塑料的问题。已有研究结果表明，农田土壤中微塑料大多呈薄膜状、碎片状和纤维状，但存在地区和土地使用方式的差异。农田土壤中微塑料颜色主要包括透明、白色、黑色、蓝色和红色等，一般以透明或白色为主。土壤微塑料的来源十分复杂，与区域社会经济发展状况、生产特点等密切相关，主要来源包括农业塑料，如农膜、包装物（化肥、农药、种子等）、塑料管道等使用后残留在土壤中，以及地表径流、农业灌溉、大气沉降与有机肥施用等途径带入的微塑料。关于土壤微塑料生态环境效应方面，研究结果表明，微米级和纳米级塑料可以进入动植物体。植物（农作物）可以通过根系吸收微塑料，也可以通过叶片的气孔吸收微塑料。微塑料很容易被土壤动物摄取，然后聚集在其体内。微塑料添加培养实验发现，蚯蚓、鼠妇、跳虫、线虫、线蚓及原生动物等的肠道、体内或者粪便中均有微塑料。微塑料的大小与许多动物的食物相近，很容易被其误食，粒径较大的微塑料不能被吸收，会随着代谢物排出体外，微塑料对土壤动物的影响和危害存在完全不同的研究结果。

土壤微塑料作为一种新型污染物受到的关注度极高，也面临十分巨大的挑战：研究方法、表示方法的不一致可能导致研究结果不具有可比性；同一区域或者同一样品，不同测定者的结果可能差异巨大，单位重量（kg）土壤微塑料的丰度从几个到几百万个不等，不同微塑料分离方法、测定设备和测定粒径导致了这种差异的出现。因此，确立规范、标准和准确的研究测定方法是土壤微塑料研究亟须解决的问题。本技术手册系统总结和归纳了土壤微塑料研究中从土壤样品采集、前处理、土壤微塑料分离到检测技术的全过程，包括识别和鉴定微塑料的相关设备和技术等；明确建议土壤微塑料的计量方法和质量控制，并介绍了土壤微塑料检测方法在实际案例中的应用和解析。

本技术手册主要以参与撰写单位的研究成果为基础，同时参考和总结了近年来国内外其他相关报道。希望本手册能够为土壤微塑料的研究者、实验技术人员和学生提供技术参考。由于作者水平有限，书中难免有疏漏之处，敬请广大读者批评指正。

严昌荣

2023 年 11 月 7 日

# Foreword

Plastic, characterized as the "most significant" or "most detrimental" innovation of the 1950s, profoundly impacts humanity, touching nearly every facet of society and intricacy of human existence. Since the inception of plastic production, the world has amassed a staggering production volume of approximately 10 billion tons, with 55% of this quantity consigned to landfills or dispersed into the environment. Consequently, plastic pollution has emerged as a pressing global challenge alongside climate change.

Microplastics, identified as a secondary pollutant stemming from plastic pollution, were initially posited by British scientist Thompson in 2004. It was conjectured that they exist in substantial quantities in oceans, lakes, and rivers. Subsequently, in 2012, German scientist Rillig asserted the presence of significant amounts of microplastics in soil and terrestrial environments, thus elevating the issue of soil microplastics to a focal point of research interest. Given the status of being a major producer and consumer of plastics, the proliferation of microplastics in soil is an inevitable consequence for large countries. In recent years, environmental scientists have directed their attention towards soil microplastics, recognizing it as a pertinent concern.

Reports indicate that the majority of microplastics found in farmland manifest in the form of films, fragments, and fibers, exhibiting regional variances contingent upon land use. These microplastics exhibit a spectrum of colors in soil, primarily transparent or white, with variations including black, blue, and red. The origins of soil microplastics are intricately linked to economic development and societal production dynamics, encompassing sources such as agricultural plastics (e. g., agricultural film, packaging materials for fertilizers, pesticides, seeds, and agricultural products), plastic piping, surface runoff, atmospheric deposition, and organic fertilizer application. Studies elucidating the ecological and environmental ramifications of soil microplastics reveal their propensity to infiltrate plants and animals. Plants, particularly crops, absorb microplastics through roots or leaves, while soil-dwelling organisms ingest and accumulate microplastics in their bodies or tissues. Microplastics are detected within the gastrointestinal tracts or fecal matter of earthworms, pill-bugs, springtails, nematodes, enchytraeids, and protozoa. Owing to their resemblance to natural food sources for many animals, microplastics are readily consumed. However, microplastics with larger particle sizes remain unabsorbed and are excreted alongside metabolic waste, resulting in varied impacts on soil-dwelling organisms.

As a nascent environmental pollutant, soil microplastics have garnered considerable attention. Nonetheless, the primary challenges confronting soil microplastic research are rooted in the inconsistency of research methodologies and reporting standards, potentially leading to incomparable findings. Disparities in microplastic quantities within a given area or sample, ranging from negligible to millions of microplastics per kilogram of dry soil, are attributable to methodological disparities in separation techniques, detection apparatus, and particle size detection thresholds. Consequently, the establishment of precise extraction methods, standardized measurement units, and the formulation of detection protocols are imperative prerequisites for advancing soil microplastic research. This technical manual systematically delineates and elucidates microplastic detection methodologies, encompassing soil sample collection and pretreatment, microplastic separation and identification technologies, and requisite instrumentation. Additionally, it provides explicit recommendations for measurement methodologies and quality assurance, supplementing theoretical discourse with practical applications and case studies.

This technical manual draws primarily upon the research findings of the co-authors, supplemented by references to pertinent literature published in recent years. It is envisaged that this manual will serve as a comprehensive technical resource for researchers, laboratory technicians, and students engaged in the study of soil microplastics. Acknowledging the inherent limitations stemming from the authors′ expertise, constructive criticism and feedback from readers are welcomed and encouraged.

Changrong Yan

November 7th, 2023

# 目 录

# Contents

# 1 绪　　论

微塑料是指直径小于5mm的微小塑料颗粒，主要为直接排放到环境中的微小塑料颗粒及大块塑料残体破裂分解或降解而成的微小塑料微粒，具有分布广、粒径小、化学性质稳定、可在环境中长期存在、易于被生物体吸收的特点，能够通过食物链进行迁移[2-5]，对人类健康和活动构成潜在威胁。微塑料作为一种新兴的环境污染物，已被列为《联合国环境规划署2014年年鉴》十大新兴问题之一[6]，广受社会关注。

目前，国内外有关微塑料污染的研究71%集中在海洋环境、淡水湖、河流和其他水生生态系统中，24%在沉积物（来自水生环境、海滩和污泥），仅有5%是关于陆地生态系统的微塑料问题[7]。自2012年Rillig[4]首次提出陆地生态系统中微塑料污染的问题后，人们逐渐开始关注微塑料对土壤环境的影响[5,8-13]。但土壤环境的复杂性，使得从土壤中分离微塑料存在很大的难度，土壤微塑料的分离和检测技术方法还没有统一的标准，如识别、鉴定方法和统计单位的不统一，给后续深入研究陆地环境中微塑料污染问题造成困难。

农田是陆地土壤环境中关键的一环，长期的地膜覆盖、肥料的不当使用、管理措施的失当使农田土壤环境累积滞留大量的微塑料，对土壤水肥运移、地下水位迁移、作物吸收等造成影响，对农田土壤生态产生潜在的危害。然而，由于农田土壤环境的不均一性和空间异质性，样品获取与检测方法未得到有效统一成为开展农田土壤微塑料污染研究的关键问题。目前农田土壤微塑料污染备受关注，迫切需要建立统一、标准化的土壤微塑料分离和鉴定方法，为研究不同区域农田土壤中微塑料赋存特征及建立全国农田土壤微塑料分布特征数据库奠定基础。

## 1.1 基本目的

本技术手册旨在明确农田土壤微塑料分离和检测的主要技术参数和工艺流程，建立统一的土壤微塑料采样、识别和鉴定技术规程，使土壤微塑料分离、识别和鉴定方法标准化，为研究不同区域农田土壤中微塑料赋存特征提供技术支撑。

## 1.2 主要问题和挑战

由于土壤环境的复杂性和微塑料自身的特性，从土壤环境中分离微塑料[3,14] 比海洋生态系统中更为困难，土壤微塑料检测方法研究尚处于起步阶段。目前微塑料的分离和鉴定方法仍没有统一的标准[15-16]，不同研究结果之间可比性差。尽管最近研究学者努力建立有效的分析程序[17-18]，但从复杂的土壤环境中分离和鉴定微塑料仍十分具有挑战性。

微塑料研究过程中一个需要重点考虑的因素是现场收集样本的可靠性。应避免使用塑料材料工具和包装物进行样品收集，以减少二次污染[19]；实验室中由空气传播的聚合物颗粒和纤维造成的样品污染也是微塑料分析过程中的一个主要问题[20]。此外，实验过程中应对实验试剂进行充分的质量控制[21]，应包括充分的阴性对照（空白），以证明样品处理期间（如筛分、过滤、消化、转移和分析鉴定步骤）没有被二次污染[22]；还应回收样品中添加的不同粒径大小的微塑料（即对照品、阳性对照品），以验证塑料的回收率。

土壤微塑料分离技术主要包括提取和去杂质纯化的过程[1-2,23-25]。其中，提高微塑料萃取效率及有效排除环境样品中有机杂质的干扰是从土壤中分离和鉴定微塑料的技术难点。对于分离后的微塑料，需要进一步采用人工挑选目测法、立体显微镜观测法、电子扫描显微镜观测法和傅里叶红外光谱法、拉曼光谱法等进行识别和鉴定。

立体显微镜、电子扫描显微镜等识别设备主要用于定量分析，即识别微塑料个数和形态；傅里叶红外和拉曼光谱法主要用于微塑料的定性分析，即鉴定微塑料的组成成分[15,23,26]。但在检测土壤微塑料过程中，不同方法的选择会造成低估或高估环境样品中微塑料丰度的问题。一般情况下，目测法难以鉴定微小的塑料颗粒，且精确度不够，容易造成误判，往往低估土壤微塑料丰度；立体/电子扫描显微镜观测法是常用的识别微塑料的方法，但很难区分与微塑料结构相似的微小颗粒，造成微塑料丰度因识别的误差而产生偏差[15,27]；而傅里叶红外和拉曼光谱法等不同检测设备均存在检测限问题，在对微塑料进行鉴定过程中需要根据不同研究目的选择和使用。

# 2　土壤样品采集与前处理

土壤样品的采集和前处理包括采样区域农业基本情况的调研，样地和样方选择，采样次数和时间的确定，采样器具和文具的准备，以及土壤样品的采集、干燥与储存等，可参考《第三次全国土壤普查技术规程规范》（修订版）[28]和《农田土壤地膜残留量检测技术规程》[29]。样品采集、处理和储存过程中应避免塑料制品的使用。

## 2.1　前期准备工作

### 2.1.1　农业基本情况

调查微塑料土壤样品采集区域的农业基本情况以分析微塑料的来源与影响因素，包括该区域的农作制度、肥料施用和灌溉情况、主要农作物种类和种植面积、农业塑料薄膜（包括棚膜和地膜）应用和回收方式（包括农膜覆盖方式、覆盖面积、覆膜年限、覆膜作物种类和所占比重及覆膜作物收获后的地膜回收、处理方式），以及目前农田地膜残留污染情况等。

### 2.1.2　采样样地选址

根据监测目的，综合考虑区域内农业基本情况和地形地貌等因素，确定微塑料污染监测地块的选点密度，随机选择地块，保证监测地块的代表性、客观性和准确性。监测地块的选址要远离沟渠、池塘、垃圾站等对测试结果有干扰的位置。监测地块的土壤含水量需保证能够顺利较快过筛，否则不宜采集样品。

为避免边缘效应，应避免在边界附近采样。例如，在 100m×100m 的地段中，在场边界 25m 内不采集样本。

### 2.1.3 采样时间选择

一般选择在作物收获后且对于覆膜的地块已回收了当季废旧农膜或播种前整地后的非冻土时间进行样品的采集。如果是持续监测同一地点，应统一监测目的和时间进行持续采样。样品采集时应避开大风雨雪等恶劣天气。

### 2.1.4 采样工具准备

（1）器具类

不锈钢土钻、不锈钢锹、不锈钢铲、卷尺、棉麻绳、不锈钢筛、帆布（以橙色等亮色为宜，避免近土色及白色、黑色等与地膜相近的颜色，近正方形，面积大于 $4m^2$）、镊子、GPS、数码照相机、棉布袋（根据实验目的和取样量确定棉布袋大小）、电子秤、棉质手套等。

（2）文具类

防水标签纸、铅笔、油性记号笔、橡皮、采样记录本、资料夹、信封等。

## 2.2 样方选择和样品采集

### 2.2.1 样方选择

每个监测地块选取 5 个监测样方，样方数量也可根据监测目的自主调整为 $n$ 个（$n \geqslant 5$）。采样点的选择应该具有代表性，因土壤本身在空间分布上的不均匀性，应采用多点采样法，混合均匀，以使所采样品具有代表性。土壤采样点的布设方法通常包括对角线布点法、梅花形布点法、棋盘式布点法、蛇形布点法（S 形布点法）、W 形布点法、放射状布点法和网格布点法等（图 2-1），具体介绍如下：

（1）对角线布点法

在田块的某条对角线上，距离每个对角线顶点 1/6 和 1/3 对角

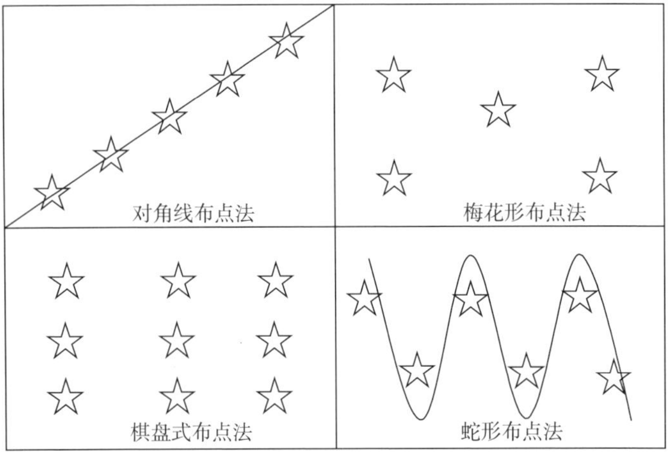


图 2-1　典型采样法

线长度的位置选定 4 个样方点，再加上对角线交点，作为 5 个样方的监测点位。适用于面积较小、地势平坦的污水（养殖场、排污场等处理或未处理的排污水）或污染河水（堆放物和垃圾场等附近的水源）灌溉的田块，一般采样点不少于 5 个。

（2）梅花形布点法

适用于面积较小、地势平坦、土壤污染程度较均匀的田块，一般设置 5～10 个采样点。

（3）棋盘式布点法

适用于面积中等、地势平坦、地形完整开阔，但土壤污染程度不均匀的田块，一般设置 10 个以上采样点；也适用于受固体废弃物污染的土壤，因固体废弃物分布不均匀，采样点应设置 20 个以上。

（4）蛇形布点法

也叫 S 形布点法，适用面积较大，地形不平坦、土壤污染程度不均匀的田块，布设采样点数目较多（15～20 个采样点）。

### 2.2.2　土壤样品采集

在所选择的田块，采样时应沿着一定的路线，按照“随机”

“等量”和“多点混合”的原则采集样品。按上述采样点布设方法中的一种布设采样点，采样深度一般为土壤耕作层深度（0～30cm）。可根据监测目的，在每个采样点上进行不同土壤深度的采样（如0～10cm、10～20cm、20～30cm等），取样器（不锈钢土钻）应垂直于地面入土，保证每个土层取土深度及采样量均匀一致。在进行表层土壤采样时，应将覆盖在表土上的植物残体等杂物清理干净。将每个样点采集的土壤样品混合均匀，粗略剔除根系、大石块、虫体等杂物，用四分法分取1～2kg（风干重计）土壤样品装入样品袋（棉布袋，避免使用塑料），做好记录带回实验室。其他注意事项如下：

①样品标签信息应包括样品编号、采样时间和地点、采样深度和经纬度、覆膜年限及采样人姓名与联系方式等信息。

②样品收集完毕后，将土壤回填，尽可能恢复取样位置土壤原貌。

③采样点不能选在田边、沟边、路边或者堆肥旁等特殊位置。

## 2.3 土壤样品前处理

### 2.3.1 样品杂质清除

将采集带回实验室的土壤样品平铺在干净的搪瓷盘或玻璃板上，用镊子尽可能挑选去除肉眼可见的石砾、根系、秸秆和昆虫等杂质，用于后续样品的干燥和存储。

### 2.3.2 样品干燥与储存

将去除杂质的土壤样品平铺在干净的搪瓷盘或玻璃板上，用铁锤或瓷质研磨棒压碎土块后，每天翻动两次，在室温环境下自然风干（放置于干净的房间，避免污染）。充分混匀风干土壤，采用四分法，取其两份，一份留存，一份压碎至全部通过5mm土壤筛，混匀，待测。储存样品的环境要保持干燥、通风、无阳光直射、无污染（图2-2）。

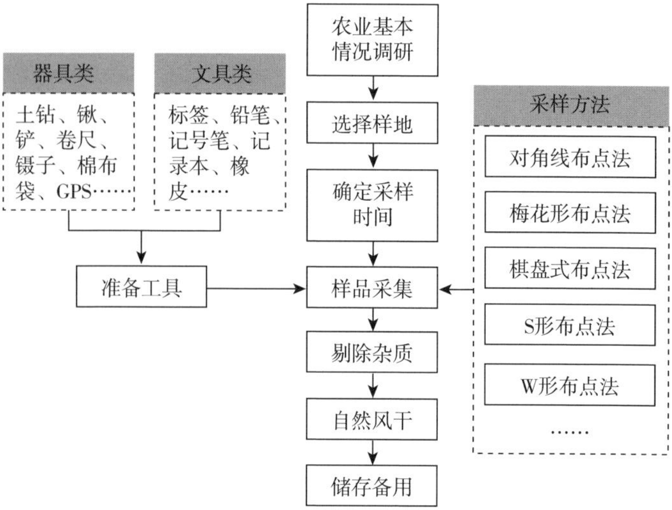


图 2-2　土壤样品采集与处理流程

# 3 土壤微塑料分离技术

一般塑料密度为0.8～1.4g/cm$^3$，能够经由高密度悬浮液或空气浮选分离出土壤。目前微塑料分离技术可分为提取和纯化两部分，主要的提取方法为物理悬浮法，包括密度悬浮法、浮选-加热法、油提取法和空气浮选法，将微塑料直接从土壤中提取或者转移至液相溶液中进一步分离。

## 3.1 微塑料提取

### 3.1.1 密度悬浮法

#### 3.1.1.1 简介

密度悬浮法被广泛应用于土壤和沉积物中微塑料的分离提取，其原理是利用微塑料与水相和固相基质密度的差异来实现分离提取。环境中塑料密度为0.8～1.4g/cm$^3$，土壤密度为2.6～2.7g/cm$^3$，一般采用饱和氯化钠、多钨酸钠或海水等悬浮液对土壤样品进行浸泡分离[12]。此外，常见的密度悬浮液还有碘化钠溶液和氯化锌溶液[30-32]。该方法操作简单，常用于复杂环境样品中微塑料的提取。

#### 3.1.1.2 主要操作步骤

首先称取一定量的均匀待测样品置于烧杯中，向样品中加入密度悬浮液，充分振荡，搅拌均匀；静置待漂浮物、液相和固相分层，一般采用直接转移或过滤的形式收集上层液相中的疑似微塑料，用于后续微塑料的识别和鉴定。为充分悬浮出环境基质中的微塑料，避免低估微塑料丰度，一般对样品悬浮2～3次，直至悬浮液中没有肉眼可见的微塑料疑似物存在。

## 3.1.2 浮选-加热法

### 3.1.2.1 简介

浮选-加热法是利用塑料遇热变形的特性，先用悬浮液将疑似塑料颗粒悬浮转移，再加热使形状不规则的塑料变成透明的圆形颗粒，对比加热前后的颗粒形态，可快速区分塑料和非塑料颗粒。一般130℃加热3～5s。该方法操作复杂，不适用于大批量和复杂环境的样品检测；且加热使得微塑料形状发生变化，不能够统计分析微塑料的大小和形态特征。

### 3.1.2.2 主要操作步骤

称取一定量的待测土壤样品放入烧杯中；向烧杯中加入悬浮液，充分搅拌均匀，静置待漂浮物、液相和固相分层，转移并过滤含有漂浮物的液体，收集微塑料疑似物；重复上述步骤2～3次，直至悬浮液中没有肉眼可见的微塑料疑似物存在。将收集到的微塑料疑似物全部转移并均匀分散至载玻片上，用显微镜观察并拍照记录。然后，将载玻片转移至恒温电热板上加热3～5s使塑料变形；将载玻片放回显微镜下用相同的拍摄参数拍照记录加热后的玻片。对比加热前后的照片，发生形态变化的即为微塑料；擦除未变形的杂质，保存仅有微塑料照片，用Image J软件统计微塑料丰度。

## 3.1.3 油提取法

### 3.1.3.1 简介

油提取法是利用微塑料表面的亲脂性，将土壤环境中微塑料转移到油层中，进而收集微塑料。油可选取菜籽油、蓖麻油等，方法简单、价格低廉，油提取法对环境中微塑料的提取和回收效率可达80%以上[34]；但使用油提取法分离环境中的微塑料，需要进一步清洗去除微塑料表面的油脂。

### 3.1.3.2 主要操作步骤

称取一定量的土壤样品，将干燥的样品与油和水充分混合，静置混合物直至油、水和固相物质完全分离，使土壤环境中的微塑料进入油层；通过转移过滤提取油层中的疑似微塑料颗粒，再用洗涤剂、乙醇充分冲洗去除微塑料表面的油脂，以备后续微塑料的识别与鉴定。

### 3.1.4 空气浮选法

#### 3.1.4.1 简介

空气浮选法是利用塑料颗粒表面的疏水特性，在土壤中加入纯水，持续向水中通入一定尺寸的气泡，使水溶液中的疏水性物质附着在气泡上，随着气泡的上升将塑料颗粒分离出来。该方法提取效率低，可重复性差，常用于工业分离中；适用于疏水性强、密度低、粒径小、浓度低的微塑料分离。塑料颗粒表面疏水性较弱时，用空气浮选法分离的效果较差，王琼杰等（2020）向水溶液中加入三庚基十二烷基碘化铵以增大水中气泡与微塑料结合的程度，以提高该法分离微塑料的效果。

#### 3.1.4.2 主要操作步骤

首先向一定量的土壤样品中加入纯水，持续向水中注入空气或氧气，使其形成足够的微细气泡，气泡上升的同时带动疏水性较强的塑料颗粒上浮，实现水和微塑料的分离。因空气浮选法只能分离密度较低的微塑料颗粒，有关研究相对较少。

## 3.2 微塑料纯化

土壤环境复杂多样，有机质干扰严重，从土壤中提取获得的微塑料表面往往附着较多的土壤颗粒和有机杂质，为更好地进行后续的分析研究，往往需要对提取的微塑料进行去杂质纯化。常见的去杂质纯化方法包括化学氧化法、酸碱消解法、酶消化法，可分别在微塑料提取前、提取中和提取后，根据不同的方法将氧化剂、消解液或酶试剂加入含有微塑料的样品或提取液中，或直接将提取出的微塑料置于氧化剂、消解液或酶试剂中，在一定的工艺条件下对介质中或微塑料表面的有机杂质进行消除。目前尚没有统一的方法来去除土壤微塑料表面的有机杂质，常用的微塑料纯化方法介绍如下：

### 3.2.1 化学氧化法

化学氧化法中所用氧化剂主要有高锰酸钾、高锰酸钾与硫酸混合液、双氧水或双氧水和硝酸混合液、芬顿试剂（$Fe^{2+}$ 与双氧水混合物）等[35]，通常 30%双氧水对微塑料损害相对较小。化学氧化法可用于提取微塑料前对土壤样品的氧化消解，如提取微塑料前先加 30%的双氧水溶液到土壤样品中，氧化掉土壤环境中的植物根系或秸秆等有机杂质，此过程中会有大量气泡产生，操作时要特别注意。Tagg 等[16]发现 30%的双氧水溶液除能有效去除微塑料表面有机杂质外，还能大幅度提高过滤效率，有助于利用红外光谱法鉴定不同种类的微塑料。但该法对微塑料的影响以及是否会同时去除共同污染物（如增塑剂）仍有待验证。

### 3.2.2 酸碱消解法

常用的酸性溶液为 HCl 或 $HNO_3$ 溶液，碱性溶液为 NaOH 或 KOH 溶液；但强酸或强碱会与塑料发生反应，有些氧化性酸（硫酸、硝酸）会破坏低 pH 耐受性的塑料[36]。同样，碱也可以通过分解蛋白质、碳水化合物和脂肪来破坏生物组织去除有机杂质，但它可能会使尼龙、聚乙烯等塑料遭到破坏或褪色。

有研究表明双氧水与两种混合酸（1∶3 $H_2O_2/HNO_3$ 和 3∶1 $HCl/HNO_3$）、37%的盐酸和 20%、30%、40%、50%的氢氧化钠溶液相比，更利于去除微塑料表面的有机杂质[25]。双氧水较酸碱消解法具有更好的消解效果，能将有机质基本消解干净[37]。

### 3.2.3 酶消化法

Cole 等[36,38]发现酶消化与酸和碱消化相比，是去除微塑料表面有机杂质的更有效的方法，不会对微塑料表面形貌产生影响。常用于消解的酶有蛋白水解酶和脂肪酶，主要用于生物样本。酶消化法因成本太高，而且在去除稳定有机质方面效果非常差，去除杂质的过程耗时长，不适合大量的样品和/或大容量的样品。

## 3.3 主要技术对比分析

从复杂的土壤环境中分离微塑料时，应充分结合每种方法的优势，选择更适合的方法组合，从而达到最佳的提取和纯化效果。基于土壤微塑料的提取和纯化过程，密度悬浮法结合氧化/酸碱消解去杂质是从土壤中分离微塑料的常用技术。进一步优化和完善土壤微塑料分离工序，包括悬浮液和消解液的选择及消解温度和时间的优化，是建立统一、高效的土壤微塑料分离技术的关键。

### 3.3.1 密度悬浮液的选择

不同密度悬浮液对土壤环境中微塑料的分离提取效率存在较大的差异。高密度悬浮液提取效率高，但易悬浮出介质中的其他物质，干扰后续微塑料的识别和鉴定；低密度悬浮液常被用于悬浮土壤环境中聚乙烯和聚丙烯等密度相对较低的微塑料（密度 0.90～0.96g/cm$^3$）。

#### 3.3.1.1 常见密度悬浮液的优缺点

（1）纯水

密度为 1.0g/cm$^3$，容易获得、成本低；但密度小、大部分微塑料不能被提取。用于提取密度小于 1.0g/cm$^3$ 的微塑料，如聚乙烯（PE）、聚丙烯（PP）。

（2）氯化钠溶液

密度分离中使用最多的盐溶液，密度为 1.2g/cm$^3$，容易获得、无毒害、成本低；只能提取密度较小的微塑料，如 PE、PP、聚酰胺（PA）和聚苯乙烯（PS）等，不能提取密度较大的微塑料，如聚氯乙烯（PVC）和聚对苯二甲酸乙二醇酯（PET）等。

（3）氯化钙溶液

密度为 1.5g/cm$^3$，可以提取大部分微塑料；但钙离子可与有机分子某些官能团结合，形成钙键结合态有机碳，容易将有机质一并提取出来，且氯化钙溶液刺激皮肤和呼吸系统。

（4）氯化锌溶液

密度为 1.7g/cm$^3$，可以提取大部分微塑料；但氯化锌可能与土壤中的自然成分（尤其是碳酸盐）反应，产生泡沫，阻碍微塑料颗粒漂浮；氯化锌还具有毒性和腐蚀性，危害性大。

（5）碘化钠溶液

密度大，为 1.8g/cm$^3$，几乎可以提取所有微塑料，能够有效分离高密度微塑料，可重现性高；但价格昂贵，使用成本高，污染环境。

（6）溴化钠溶液

饱和溶液密度为 1.5g/cm$^3$，可以提取大部分微塑料，成本相对较低，不易与土壤介质发生反应；对水环境稍有危害，应避免未稀释或大量的产品接触地下水、水道或污水系统。

（7）多钨酸钠溶液

密度高达 2.1g/cm$^3$，容易配制，安全无毒害作用，几乎可以提取所有微塑料，能够有效分离高密度微塑料；但多钨酸钠成本高、吸湿性强、不易存储、不宜接触强还原性物质及可溶性或可交换钙离子矿物。

（8）甲酸钾溶液

饱和溶液密度为 1.6g/cm$^3$，密度高，几乎可以提取所有微塑料，稳定性好、成本低，但可能对环境有危害，目前有关的应用研究较少。

#### 3.3.1.2　悬浮液提取效率对比分析

针对微塑料分离过程中存在的问题，选择并配制 3 种常见的不同密度悬浮液并以双氧水作为消解液，对微塑料分离工序进行对比分析研究，具体操作如下：

（1）微塑料的来源与制备

聚乙烯（PE）购置于阿法埃莎（Alfa Aesar）（中国）化学有限公司，分子式为（$CH_2CH_2$）$_n$，粒径为 500μm，密度为 0.92g/cm$^3$，

重均相对分子质量约为 4 000，数均相对分子质量约为 1 700，属低密度聚乙烯；聚氯乙烯（PVC）购置于西格玛奥德里奇（Sigma-aldrich）（上海）贸易有限公司，分子式为（$C_2H_3Cl)_n$，密度为 1.38g/cm³，重均相对分子质量约为 233 000，数均相对分了质量约为 9 900；聚碳酸亚丙酯塑料（PPC）为中国科学院长春应用化学研究所制备，粒径约为 37μm，密度 1.24g/cm³，重均相对分子质量约为 169 600，数均相对分子质量约为 64 600。

（2）密度悬浮液的配制

①悬浮剂 1　密度为 1.18g/cm³ 的氯化钠溶液，称取 288g 的氯化钠（NaCl，分析纯试剂，国药集团化学试剂有限公司）溶于 1L 去离子水中，密度计（1.1～1.2g/cm³，冀州耀华）测量密度。

②悬浮剂 2　密度为 1.27g/cm³ 的氯化锌溶液，称取 1 500g 的氯化锌（$ZnCl_2$，分析纯试剂，国药集团化学试剂有限公司）溶于约 2L 去离子水中，密度计（1.2～1.3g/cm³，冀州耀华）测量密度。

③悬浮剂 3　密度为 1.53g/cm³ 的氯化锌溶液，称取 4 500g 的氯化锌（$ZnCl_2$，分析纯试剂，国药集团化学试剂有限公司）溶于约 4L 去离子水中，密度计（1.5～1.6g/cm³，冀州耀华）测量密度。

④去离子水　实验室蒸馏水仪（$H_2O$，Smart-N 超纯水系统，上海康雷分析仪器有限公司）自制去离子水，密度为 1.0g/cm³。

（3）实验条件设置及操作步骤

实验过程中设置消解温度为 50、60 和 70℃三个温度，消解时间设置为 6、15 和 24h。用 Design-Expert V8.0.6.1 软件设计响应面实验，实验设计详见表 3－1。其中，因子 C 列表中溶液 1、2、3 分别指悬浮剂 1、2、3。本研究中分别选择上述三种悬浮剂来模拟提取添加到土壤中的三种不同种类微塑料（PE、PVC 和 PPC），对比分析不同悬浮液回收微塑料的效率，以确定最优工艺条件。为减少外源微塑料污染，整个实验过程在干净的房间中进行，实验操作中穿戴棉质试验服和乳胶手套，实验过程中的玻璃器皿均需用去离子水清洗干净，备用时用锡纸包裹存放。

**表 3-1 响应面实验设计表信息**

| 处理 | 因子 A（温度，℃） | 因子 B（时间，h） | 因子 C（溶液） |
|---|---|---|---|
| 1 | 60 | 15 | 2 |
| 2 | 50 | 6 | 2 |
| 3 | 70 | 15 | 3 |
| 4 | 60 | 6 | 1 |
| 5 | 70 | 15 | 1 |
| 6 | 60 | 15 | 2 |
| 7 | 50 | 24 | 2 |
| 8 | 60 | 15 | 2 |
| 9 | 50 | 15 | 3 |
| 10 | 60 | 15 | 2 |
| 11 | 70 | 6 | 2 |
| 12 | 50 | 15 | 1 |
| 13 | 70 | 24 | 2 |
| 14 | 60 | 24 | 3 |
| 15 | 60 | 6 | 3 |
| 16 | 60 | 24 | 1 |
| 17 | 60 | 15 | 2 |

具体实验操作步骤如下：

步骤 1：将分别过 300 目* 不锈钢滤网的 PE、PVC 和 PPC 粉末按 1∶1∶1（重量比）充分混合于玻璃烧杯中，用于后续实验。

步骤 2：称取 10g 干净的土壤样品（干土重）至干净的 250mL 烧杯 A 中，加入 0.2000g 混合均匀的微塑料（相同操作但不添加微塑料的处理作为空白对照），按实验方案中的编号分别向 34 个

* 目为非法定计量单位。

（包括 17 个添加微塑料的处理和 17 个不添加微塑料的处理）烧杯 A 中加入 200mL 不同密度的悬浮剂 1、2、3，400r/min 搅拌 20min，静置一夜，使漂浮物、液相和固相分层。

步骤 3：用去离子水运移加有溶液 1 的烧杯中的漂浮物，用溶液 1 运移加有溶液 2 的烧杯中的漂浮物，用溶液 2 运移加有溶液 3 的烧杯中的漂浮物，分别至 34 个对应编号的新烧杯 B 中。

步骤 4：继续 400r/min 搅拌烧杯 A 中残留的液体 20min，静置一夜，使漂浮物、液相和固相分层。

步骤 5：重复步骤 3，再次运移漂浮物至烧杯 B 中，丢弃烧杯 A 中的物质，将烧杯 B 中混合溶液静置 1h 左右。

步骤 6：分别用去离子水运移加有溶液 1 的烧杯中的漂浮物，用溶液 1 运移加有溶液 2 的烧杯中的漂浮物，用溶液 2 运移加有溶液 3 的烧杯中的漂浮物，至 300 目不锈钢滤网中。

步骤 7：用 30%双氧水（约 20mL）将滤网上的漂浮物冲洗并运移至小玻璃瓶中，按编号分别置于不同温度（50、60 和 70℃）条件下，进行不同时间（6、15 和 24h）的氧化处理。

步骤 8：按时将氧化消解后玻璃瓶中的漂浮物过 300 目的不锈钢滤网，去离子水冲洗后用无水乙醇将滤网上的物质运移至已知重量的小烧杯中，45℃烘干，称重，计算微塑料提取效率，用于统计筛选不同处理条件下分离土壤中微塑料较为合适的密度悬浮剂。

（4）结果分析

对实验结果（表 3－2）进行响应面二次模型的方差分析，最优模型（二次模型）$F$ 值为 8.40，表明该模型拟合效果显著，可以解释响应中的变异（$P$＝0.005 2），且失拟项的 $F$ 值为 0.49，相对于纯误差来说，失拟项的 $F$ 值不显著（$P$＝0.708 2），70.82% 的可能是由噪声造成的此次失拟项 $F$ 值。响应面二次模型对此次优化实验结果的整体拟合效果最好，能够较好地解释数据变化，无需拟合新模型。优化实验过程中不同密度悬浮液对微塑料提取效率的影响显著（$P$＝0.000 3），温度（$P$＝0.709 5）和时间（$P$＝

0.669 1）对其影响不显著。按实际因素计算的最终模型可以用下面的回归方程表示：

$$R=3.43\times A+2.83\times B-42.09\times C-0.06\times A\times B-0.15\times A\times C-0.05\times B\times C-0.02\times A^2+0.03\times B^2+17.03\times C^2-38.97$$

式中，$R$ 为微塑料提取效率（Rate,%）；$A$ 为温度（Temperature,℃）；$B$ 为时间（Hour，h）；$C$ 表示不同密度的悬浮液（Solution）。

**表 3-2　悬浮剂优化实验中微塑料提取效率**

| 处理 | 因子 A（温度,℃） | 因子 B（时间，h） | 因子 C（溶液） | 提取率（%） |
|---|---|---|---|---|
| 1 | 60 | 15 | 2 | 61.54 |
| 2 | 50 | 6 | 2 | 58.52 |
| 3 | 70 | 15 | 3 | 95.47 |
| 4 | 60 | 6 | 1 | 66.00 |
| 5 | 70 | 15 | 1 | 60.30 |
| 6 | 60 | 15 | 2 | 73.71 |
| 7 | 50 | 24 | 2 | 64.12 |
| 8 | 60 | 15 | 2 | 58.63 |
| 9 | 50 | 15 | 3 | 95.58 |
| 10 | 60 | 15 | 2 | 59.24 |
| 11 | 70 | 6 | 2 | 70.54 |
| 12 | 50 | 15 | 1 | 54.39 |
| 13 | 70 | 24 | 2 | 53.82 |
| 14 | 60 | 24 | 3 | 94.21 |
| 15 | 60 | 6 | 3 | 93.82 |
| 16 | 60 | 24 | 1 | 68.10 |
| 17 | 60 | 15 | 2 | 52.66 |

从结果来看，不同工艺条件，不同密度悬浮剂从土壤中提取微塑料（三种不同密度的微塑料混合制成）的效率不同，提取效率最大值为95.58%，最小值为52.66%。忽略经济成本和其他因素，根据响应优化实验设计筛选不同密度的悬浮剂，并对实验条件进行优化，结果表明，根据不同的实验要求和目的，土壤微塑料分离方法可采用以下几种不同的工艺条件：

①不考虑提取效率时，用悬浮液1（密度为1.18g/cm$^3$的NaCl溶液）悬浮，去离子水运移漂浮物，30% $H_2O_2$溶液在温度为50℃的水浴锅中消解15h为最优的实验工艺条件。

②要求提取效率最大值时，用悬浮液3（密度为1.53g/cm$^3$的$ZnCl_2$溶液）悬浮，悬浮液2（密度为1.27g/cm$^3$的$ZnCl_2$溶液）运移，30% $H_2O_2$溶液在温度为61℃的水浴锅中消解10h为最优的实验工艺条件。

③要求提取效率在60%～100%范围内时，用悬浮液2悬浮，悬浮液1运移，30% $H_2O_2$溶液在温度为60℃的水浴锅中消解15h为最优的实验工艺条件。

④要求提取效率在80%～100%范围内时，用悬浮液3悬浮，悬浮液2运移，30% $H_2O_2$溶液在温度为50℃的水浴锅中消解15h为最优的实验工艺条件。

实际应用过程中，应充分考虑不同密度的环境风险及其他优缺点，根据目标提取物的密度选择不同的悬浮剂溶液。从理论上讲，可配合使用不同浓度的悬浮液分步悬浮出不同种类的微塑料，提高微塑料萃取效率。Nuelle等[25]先用低密度悬浮溶液分离土壤样品中微塑料颗粒，再用高密度溶液悬浮，整个过程中微塑料的提取率可达91%～99%。提取效率还取决于微塑料的形状、大小和来源。

### 3.3.2 消解液的确定

由于土壤环境的复杂性和多介质干扰性，微塑料的提取和鉴定常受有机杂质干扰，纯化去杂质过程是微塑料检测结果准确性的保障。现阶段常用氧化法和酸碱消解法纯化从土壤中提取出的微塑料。

#### 3.3.2.1 常见消解液的优缺点

(1) 30%过氧化氢

30% $H_2O_2$，容易获得，能去除大部分有机质；但纯化过程中对部分聚合物有破坏作用。

(2) 碱溶液

10%（质量百分比）的氢氧化钠/氢氧化钾（NaOH/KOH）溶液，能够去除大部分有机质；消解时间超过 6h 会对微塑料表面产生破坏，可能导致微塑料变色。

(3) 盐酸溶液

2mol/L 的 HCl 溶液，成本低；但不能破坏所有有机质，消解效率不高。

(4) 芬顿试剂

$Fe^{2+}$ 和 $H_2O_2$ 共同组成的强氧化体系，主要应用于环保领域难降解有机废物的处理和处置，能有效去除生物体等有机质，提取效率高，对光谱信号无影响；但对反应条件有要求，酸性条件（pH 3～5）下最优。

(5) 硝酸溶液

$HNO_3$，能够去除大部分有机质；但会导致聚合物损失或者变色，高温和高浓度下会造成 PET 等聚合物溶解。55%的 $HNO_3$ 加热至 80℃可提高消解的速度，但当消解液加热至 60℃以上时，可能会造成微塑料的损失。

#### 3.3.2.2 消解液的纯化效率对比分析

针对微塑料去杂质过程中存在的问题，以饱和氯化钠水溶液和去离子水作为密度悬浮液，选择并配制 3 种常见的消解液，对微塑料分离工序进行对比分析研究，具体操作如下：

(1) 微塑料的来源与制备

同 3.3.1.2 悬浮液提取效率对比分析中微塑料的来源与制备。

（2）消解溶液的制备

①消解液1　30％双氧水（30％ $H_2O_2$），分析纯，购买自国药集团化学试剂有限公司。

②消解液2　10％（质量百分比）的氢氧化钠溶液（10％ NaOH），称取100g的氢氧化钠（NaOH，分析纯，国药集团化学试剂有限公司）溶于900mL的去离子水中。

③消解液3　2mol/L的盐酸溶液（2mol/L HCl），量取166.67mL的37％的盐酸溶液（HCl，分析纯，国药集团化学试剂有限公司），用去离子水定容到1 000mL。

（3）实验条件设置及操作步骤

用Design-Expert V8.0.6.1软件设计响应面实验，其中，实验设计表3-1中因子C列表中溶液1、2、3分别指消解液1、2、3。其他条件同3.3.1.2悬浮液提取效率对比分析中的实验条件设置及操作步骤。本研究中分别选择上述三种消解液纯化从土壤中提取的三种不同种类微塑料（PE、PVC和PPC），对比分析回收效率，以确定最优工艺条件。为减少外源微塑料污染，整个实验过程在干净的房间中进行，实验操作中穿戴棉质试验服和乳胶手套，实验过程中的玻璃器皿均需用去离子水清洗干净，备用时用锡纸包裹存放。具体操作步骤如下：

步骤1：将分别过300目不锈钢滤网的PE、PVC和PPC粉末按1∶1∶1（重量比）充分混合于玻璃烧杯中，用于后续实验。

步骤2：称取10g干净的土壤样品（干土重）至干净的250mL烧杯A中，加入0.200 0g混合均匀的微塑料（不加微塑料的处理作为空白对照），分别向烧杯A中加入200mL密度为1.18g/cm$^3$的氯化钠溶液，400r/min搅拌20min，静置一夜，使漂浮物、液相和固相分层。

步骤3：分别用去离子水运移烧杯中的漂浮物至对应编号的新烧杯B中。

步骤4：继续400r/min搅拌烧杯A中残留的液体20min，静置一夜，使漂浮物、液相和固相分层。

步骤 5：重复步骤 3，再次运移漂浮物至烧杯 B 中，丢弃烧杯 A 中的物质，将烧杯 B 中混合溶液静置 1h 左右。

步骤 6：分别用去离子水运移烧杯中的漂浮物至 300 目不锈钢滤网中。

步骤 7：按编号分别用不同的消解液 1、2、3（30% $H_2O_2$、10% NaOH 和 2mol/L 的 HCl 溶液）约 20mL 将滤网上的漂浮物冲洗并运移至小玻璃瓶中，随后置于不同温度（50、60 和 70℃）条件下，进行不同时间（6、15 和 24h）的消化处理。

步骤 8：按时将消解后玻璃瓶中的漂浮物过 300 目的不锈钢滤网，去离子水冲洗后用无水乙醇将滤网上的物质运移至已知重量的小烧杯中，45℃烘干，称重，计算微塑料提取效率，统计筛选不同处理条件下最优的消解溶液，用于去除提取微塑料过程中附带的有机杂质。

（4）结果分析

对实验结果（表 3-3）进行不同响应面模型的方差分析，二次模型 $F$ 值为 0.89，此结果有 57.30%的可能性是噪声的原因造成的，$P$ 值（$P=0.573$）大于 0.05，且失拟项的 $F$ 值为 17.56，相对于纯误差显著（$P=0.0091$），表明响应面二次模型拟合效果不好，不能很好地解释此次优化实验结果。响应面分析中推荐使用平均值模型，无法区分优化实验过程中三类环境因子（消解液、温度、时间）对微塑料提取效率的影响（$P>0.05$）。三种消解液在消解杂质的过程中没有差异，在优化实验中可以考虑经济成本和操作流程对实验的影响，忽略不同消解液对提取效率的影响。

**表 3-3　氧化剂优化实验中微塑料提取效率**

| 处理 | 因子 A（温度,℃） | 因子 B（时间，h） | 因子 C（溶液） | 提取率（%） |
|---|---|---|---|---|
| 1 | 60 | 15 | 2 | 51.70 |
| 2 | 50 | 6 | 2 | 50.68 |
| 3 | 70 | 15 | 3 | 49.61 |
| 4 | 60 | 6 | 1 | 49.43 |

（续）

| 处理 | 因子 A（温度,℃） | 因子 B（时间，h） | 因子 C（溶液） | 提取率（%） |
|---|---|---|---|---|
| 5 | 70 | 15 | 1 | 47.67 |
| 6 | 60 | 15 | 2 | 54.59 |
| 7 | 50 | 24 | 2 | 48.56 |
| 8 | 60 | 15 | 2 | 46.80 |
| 9 | 50 | 15 | 3 | 63.05 |
| 10 | 60 | 15 | 2 | 56.58 |
| 11 | 70 | 6 | 2 | 57.92 |
| 12 | 50 | 15 | 1 | 72.00 |
| 13 | 70 | 24 | 2 | 61.54 |
| 14 | 60 | 24 | 3 | 81.18 |
| 15 | 60 | 6 | 3 | 74.22 |
| 16 | 60 | 24 | 1 | 68.07 |
| 17 | 60 | 15 | 2 | 54.17 |

此外，实际应用过程中还应结合微塑料特性，充分考虑时间成本及操作的可行性。PE 化学稳定性好，能够耐受任何浓度的 $H_2O_2$ 溶液，但是 PE 材质本身不耐高温，易受温度的影响而产生变形，低密度聚乙烯的热变形温度为 40～50℃，高密度聚乙烯的热变形温度为 60～82℃。本研究团队先前用 16%的氢氧化钠溶液消解 PE 粉末，在体视显微镜下观察微塑料表面特征，结果表明消解时间超过 6h 后会对微塑料表面造成损伤。因此，在提取微塑料过程中，考虑温度及时间等工艺条件的影响十分必要。

### 3.3.3 滤膜的选择

微塑料分离过程中常常会用到微孔滤膜对液相中的微塑料进行过滤分离。土壤微塑料分离过程中应避免塑料材料滤膜的出现，实际场景中选择滤膜应充分考虑滤膜的化学兼容性、孔径、样品类型与应用目的等多种因素的影响。常用于微塑料分离的滤膜材质有玻璃纤维、醋酸纤维（CA）、混合纤维素（MCE）、尼龙（NY）等，其优缺点如下：

（1）玻璃纤维滤膜

流速快，负载力高；适用范围广，主要应用于日常空气监测和空气中固体污染物、微生物、油和酸雾的特殊监测，特别推荐用于高效细微颗粒采集。

（2）醋酸纤维（CA）滤膜

亲水性、流速快、热稳定性高（可达 180℃），低蛋白结合能力；0.2μm 滤膜适合于水溶液、缓冲液、血清和培养基的除菌过滤；0.45μm 滤膜适合于 HPLC 流动相过滤；多用于蛋白质和酶过滤。

（3）混合纤维素酯（MCE）滤膜

由硝酸纤维素和醋酸纤维素制成，多孔且孔径分布均匀，微孔具有穿透性强、阻力小、滤速快等特点；适用于水溶液（pH 5～10）、油类、空气、果汁、酒类等。

（4）尼龙（NY）滤膜

亲水性、耐温性能好、强度高、化学稳定性好、耐稀酸稀碱等。主要应用于样品的除菌，过滤；工业水的过滤。

## 3.4 综合选择原则

现阶段广泛应用于土壤环境中微塑料的分离技术主要基于密度悬浮法结合消解去杂质纯化过程，实际场景中应综合考虑时间成本、经济效益和环境效益，确定合适的悬浮剂和消解液及最优工艺条件。针对 3.3.1.2 和 3.3.2.2 悬浮液和消解液的对比分析试验，根据市场价格及实验过程中化学试剂的配制和使用量估算了几种常见的悬浮液和消解液的成本（表 3-4），并对环境危害进行了说明。不同悬浮剂的密度高低排序为：悬浮剂 3＞悬浮剂 2＞悬浮剂 1，按照溶液制备流程及所需试剂市场价格估算不同悬浮剂的成本，其成本与密度高低趋势相同。其中，悬浮剂 1 的成本最低，每 500mL 花费 3.96 元，悬浮剂 3 和悬浮剂 2 的成本与悬浮剂 1 分别相差 21 倍和 14 倍，且 $ZnCl_2$ 具有腐蚀性，会对环境和生物体产生

表 3-4 部分试剂成本及危险性说明

| 类别 | 试剂名称 | 级别/品牌 | 规格 | 价格（元） | 危险性说明 |
|---|---|---|---|---|---|
| 悬浮液 | 氯化钠 | AR，≥99.5% | 500g | 14 | — |
| 悬浮液 | 无水氯化钙 | AR，≥96.0% | 500g | 23 | H303＋H313＋H319 |
| 悬浮液 | 氯化锌 | AR，≥98.0% | 500g | 82 | H302＋H314＋H410 |
| 悬浮液 | 无水碘化钠 | AR，≥99.0% | 500g | 739 | H303＋H315＋H319＋H400 |
| 悬浮液 | 溴化钠 | AR，≥99.0% | 500g | 87 | H303 |
| 悬浮液 | 聚钨酸钠 | Sigma | 100g | 4 495 | H302＋＋H318＋H412 |
| 悬浮液 | 甲酸钾 | AR，≥99.0% | 500g | 284 | H314＋H302 |
| 消解液 | 30%过氧化氢 | Fluka | 500mL | 22 | H303＋H333＋H314＋H335＋H412 |
| 消解液 | 氢氧化钠 | AR，≥96.0% | 500g | 25 | H290＋H314 |
| 消解液 | 氢氧化钾 | AR，≥85.0% | 500g | 30 | H314＋H302 |
| 消解液 | 盐酸 | AR，36.0%～38.0% | 500mL | 17 | H290＋H314＋H335＋H401 |
| 消解液 | 硝酸 | AR，65.0%～68.0% | 500mL | 21 | H272＋H290＋H314＋H311 |
| 消解液 | 七水硫酸亚铁 | AR，99.0%～101.0% | 500g | 20 | H302＋H315＋H319 |
| 消解液 | 芬顿试剂 | 七水硫酸亚铁＋30%双氧水 | — | — | — |
| 滤膜 | 玻璃纤维滤膜 | Φ50mm×0.22μm（Mreda） | 50 片/盒 | 67 | — |
| 滤膜 | 醋酸纤维滤膜 | Φ50mm×0.22μm（KYMIN-1482） | 50 片/盒 | 250 | — |
| 滤膜 | 混合纤维素酯滤膜 | Φ50mm×0.22μm（SCRC） | 50 片/盒 | 27 | — |
| 滤膜 | 尼龙滤膜 | Φ50mm×0.22μm（SCRC） | 50 片/盒 | 65 | — |

注：试剂价格信息来源于国药集团化学试剂有限公司官网。表中最后一列字母 H 代表危险说明，数字“3”代表健康危害；“4”代表环境危害，“—”表示没有健康和环境风险。

危害。除此之外，$ZnCl_2$ 还有可能和沉积物或土壤中的自然成分（尤其是碳酸盐）反应，产生泡沫，从而阻碍微塑料分离过程（刘梦婷，2020）；且高密度悬浮剂悬浮出高密度微塑料的同时可能会悬浮出更多土壤中的杂质，不利于后续消解去杂质的过程。根据市场价格及实验过程中消解溶液的配制和使用量估算不同消解液的成本，消解液 1 的成本最高，与消解液 2 和消解液 3 相差在十倍以内。除 30%$H_2O_2$ 对环境没有危害外，NaOH 和 HCl 均会对水体造成污染，对环境有一定的危害，且这三种常见的消解液均有一定的健康风险，使用过程中需做好防护工作。

针对不同的实验目的确定对微塑料提取和纯化效率的要求，根据对不同悬浮剂、消解液、消解温度和时间等工艺条件的优化，综合考虑时间成本、经济效益和环境效益，进而确定适合的微塑料分离技术。

（1）土壤环境中微塑料的精准分离技术

用密度较高的悬浮液（如密度为 1.5g/$cm^3$ 的 NaBr 溶液或 $ZnCl_2$ 溶液）悬浮，低密度悬浮液（如密度为 1.3g/$cm^3$ 的 NaBr 溶液或 $ZnCl_2$ 溶液）二次悬浮，30% $H_2O_2$ 溶液在温度为 61℃的水浴锅中消解 10h 为效率最高的分离方法。具体操作步骤如下：

步骤 1：称取 10g 土壤样品（干土重）至干净的 250mL 烧杯 A 中，备用。

步骤 2：向烧杯 A 中加入 200mL 高密度悬浮液，400r/min 搅拌 20min，静置一夜，使漂浮物、液相和固相分层。

步骤 3：用密度相对较低的悬浮液运移烧杯中的漂浮物至新烧杯 B 中。

步骤 4：继续 400r/min 搅拌烧杯 A 中残留的液体 20min，静置一夜，使漂浮物、液相和固相分层。

步骤 5：重复步骤 3，再次运移漂浮物至烧杯 B 中，丢弃烧杯 A 中的物质，将烧杯 B 中混合溶液静置 1h 左右。

步骤 6：用低密度悬浮液运移烧杯中的漂浮物至粒径为 48μm 的不锈钢滤网中。

步骤7：用30% $H_2O_2$ 溶液（约20mL）将滤网上的漂浮物冲洗并运移至小玻璃瓶中，置于61℃的水浴锅中消解10h。

步骤8：将消解后玻璃瓶中的漂浮物过粒径为48μm的不锈钢滤网，去离子水冲洗后用无水乙醇将滤网上的物质运移至已知重量的小烧杯中，45℃烘干，用于统计分析从土壤中分离提取的微塑料。

为提高分离结果的准确性，每个土壤样品可称取3份子样品（每份10g，干土重），用上述步骤进行微塑料的分离，整个过程中避免塑料污染。该方法能够分离土壤环境中的几乎所有类型的微塑料，但该方法成本较高，且消耗时间相对较长。

(2) 地膜源微塑料的快速分离技术

考虑时间成本和经济效益，用低密度悬浮液（如密度为1.18 $g/cm^3$ 的NaCl溶液）悬浮土壤中的微塑料，去离子水二次悬浮，10% NaOH溶液在温度为50℃的水浴锅中消解6h为最快速经济型的分离方法。具体操作步骤如下：

步骤1：称取10g土壤样品（干土重）至干净的250mL烧杯A中，备用。

步骤2：向烧杯A中加入200mL悬浮液，400r/min搅拌20min，静置一夜，使漂浮物、液相和固相分层。

步骤3：用去离子水运移烧杯中的漂浮物至新烧杯B中。

步骤4：继续400r/min搅拌烧杯A中残留的液体20min，静置一夜，使漂浮物、液相和固相分层。

步骤5：重复步骤2，再次运移漂浮物至烧杯B中，丢弃烧杯A中的物质，将烧杯B中混合溶液静置1h左右。

步骤6：用去离子水运移烧杯中的漂浮物至微孔滤膜上过滤。

步骤7：用10%（质量百分比）的NaOH溶液（约20mL）将滤网上的漂浮物冲洗并运移至小玻璃瓶中，置于50℃的水浴锅中消解6h。

步骤8：将消解后玻璃瓶中的消解液全部通过微孔滤膜，去离子水冲洗后用无水乙醇将滤膜上的物质运移至已知重量的小烧杯中，45℃烘干，用于统计分析从土壤中分离提取的微塑料。

为提高分离结果的准确性，每个土壤样品可称取 3 份子样品（每份 10g，干土重），用上述步骤进行微塑料的分离，整个过程中避免塑料污染。该方法可针对农田土壤环境中地膜源微塑料的分离和统计分析研究。

（3）富含有机质的土壤环境样品中微塑料分离技术

对于有机质含量丰富的土壤环境样品，有机质的存在严重干扰微塑料的识别和鉴定过程，为提高微塑料检测的准确性，需要充分去杂质的过程。具体操作步骤如下：

步骤 1：称取 10g 土壤样品（干土重）至干净的 250mL 烧杯 A 中，向土壤中加入 30%双氧水溶液对土壤样品进行消解处理，加入双氧水的过程中会产生大量气泡，应少量多次分批加入双氧水（约 20mL）并不断搅拌，避免气泡带动液体或固相溢出，消解 2～3d，直至上层液澄清。将土样-消解液混合物置于 35℃烘箱中烘干，备用。

步骤 2：向烧杯 A 中加入 200mL 高密度悬浮液，400r/min 搅拌 20min，静置一夜，使漂浮物、液相和固相分层。

步骤 3：用密度相对较低的悬浮液运移烧杯中的漂浮物至新烧杯 B 中。

步骤 4：继续 400r/min 搅拌烧杯 A 中残留的液体 20min，静置一夜，使漂浮物、液相和固相分层。

步骤 5：重复步骤 3，再次运移漂浮物至烧杯 B 中，丢弃烧杯 A 中的物质，将烧杯 B 中混合溶液静置 1h 左右。

步骤 6：用低密度悬浮液运移烧杯中的漂浮物至粒径为 48μm 的不锈钢滤网中。

步骤 7：用消解液 1（30% $H_2O_2$ 溶液）（约 20mL）将滤网上的漂浮物冲洗并运移至小玻璃瓶中，置于 61℃的水浴锅中消解 10h。

步骤 8：将消解后玻璃瓶中的漂浮物过粒径为 48μm 的不锈钢滤网，去离子水冲洗后用无水乙醇将滤网上的物质运移至已知重量的小烧杯中，45℃烘干，用于统计分析从土壤中分离提取的微塑料。

为提高分离结果的准确性，每个土壤样品可称取3份子样品（每份10g，干土重），用上述步骤进行微塑料的分离，整个过程中避免塑料污染。该方法能够有效去除土壤环境样品中的有机质，减少检测过程中有机杂质带来的干扰，提取效率高；但该方法操作烦琐，耗时长。

# 4　微塑料检测技术

## 4.1　识别设备及技术

### 4.1.1　光学/体视显微镜

#### 4.1.1.1　简介

光学显微镜和体视显微镜是简单易获取的识别土壤中微塑料的观察工具（图 4－1）。其中，光学显微镜是一种通过聚焦光束来放大和观察物体的设备，可以通过放大待观测物表面以进行更详细的研究和分析；体视显微镜是利用双通道光路，为左右两眼提供一个具有立体感的图像，它实质上是两个单镜筒显微镜并列放置。光学显微镜是利用光学原理，把人眼所不能分辨的微小物体放大成像，以供人们提取微细结构信息的光学仪器；体视显微镜的光学结构与普通光学显微镜不同，成像具有三维立体感，而普通光学显微镜的成像不具有三维立体感。体视显微镜成像清晰、宽阔，又具有长工作距离，是适用范围非常广泛的常规显微镜，操作方便、直观、检定效率高。

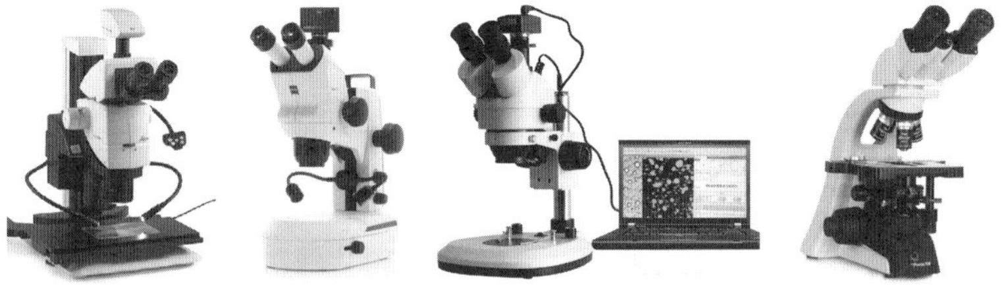

徕卡体视显微镜（Leica M125C）　蔡司体视显微镜（Zeiss Stemi 508）　粒径统计分析显微镜（SRZ-7045UV-G）　生物显微镜（光学）（Phenix PH100）

图 4－1　光学/体视显微镜

#### 4.1.1.2 仪器调试及微塑料识别

根据研究目的调整显微镜放大倍数，将收集有微塑料的滤膜置于显微镜视野中。调节焦距、视野亮度和光圈等参数，使滤膜上的颗粒清晰显示在视野中。在选用目视观察计数方法时，截取视野图像后，研究人员使用尖镊或解剖针挑动疑似微塑料颗粒，根据颗粒颜色、形状或表面形态等判断颗粒是否为微塑料并统计数量。在选用热处理图像对比计数时，首先截取视野图像，在滤膜下方设置加热板等热处理设备，设置单个或梯度加热温度进行热处理，截取经过热处理后的显微视野图像；保存热处理前后的显微图像，使用 Photoshop 等图像处理软件，识别在热处理后发生形变的颗粒。

### 4.1.2 荧光显微镜

#### 4.1.2.1 简介

荧光显微镜（图 4－2）配备荧光发射器，发射短波长光线照射使用荧光染色剂染过的被检物体，使之受激发后产生长波长的荧光，被广泛应用于生物学等领域。荧光显微镜所看到的荧光图像，一是具有形态学特征，二是具有荧光的颜色和亮度，在判断结果时，必须将二者结合起来综合判断。微塑料作为碳基聚合物，容易被亲脂类染料尼罗红（NR）染色并在荧光下显色，但由于荧光易褪色减弱，因此识别染色微塑料时使用的荧光显微镜应附带图像保存功能并需要在染色后的 24h 内完成图像记录。

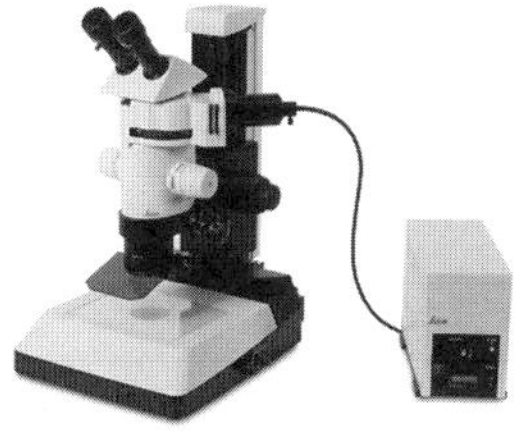

荧光体视显微镜（Leica M165 FC）

图 4－2 荧光体视显微镜

#### 4.1.2.2 仪器调试

尼罗红（NR）染色的微塑料样品必须在荧光显微镜或紫外灯下用一定波长的光照射，以激发和分析其中的荧光。通常用于NR染色微塑料的激发波长从254～580nm不等，而发射波长在430～630nm。常用的滤光片组是DAPI（4′，6-二脒基-2-苯基吲哚；激发波长325～375nm，发射波长435～485nm；蓝色荧光）、FITC（异硫氰酸荧光素；激发波长460～500nm，发射波长535nm；绿色荧光）和TRITC（四甲基罗丹明-异硫氰酸酯；激发540～580nm，发射600～660nm；红色荧光）。研究中常采用450～490nm的激发波长（绿黄色荧光）和515～565nm的发射波长检测微塑料。易被误染的杂质含量较高时，通常选择更高波长进行检测。

将染色、过滤分离后的含微塑料的滤膜置于显微镜载物台。开启荧光显微镜稳压器，开启荧光灯箱。待光源稳定后开始观察。调整显微镜放大倍数与焦距，调试正常白光模式观察并记录图像；转换滤光片进行荧光模式观察，调整对比度，使染色微塑料清晰呈现于视野中并记录图像。

#### 4.1.2.3 识别方法

获取显微图像后，常借助图像处理工具（Image J、Photoshop等）以充分分析荧光图像与白光图像中包含的微塑料信息（数量、形状、大小、荧光强度等）。具体流程为：

（1）选择图像处理工具

在实际应用时有多种处理工具可供选择，根据试验要求和精度等自主选择。研究中通常选择基于Photoshop的图像处理工具。

（2）图像处理工具调整与设置

将荧光图像导入处理工具。对荧光显微图像进行格式和灰度转换，通过调整阈值，获取荧光微塑料的边缘，根据像素点累计计算视野中每个微塑料点的面积、周长、粒径信息。

（3）微塑料信息统计

将图像处理工具得到的微塑料信息按照视野或滤膜编号保存至Excel表格中，整理、换算和统计后进行微塑料的数量定量。

## 4.1.3 激光扫描共聚焦显微镜

### 4.1.3.1 简介

激光扫描共聚焦显微镜脱离了传统光学显微镜的场光源和局部平面成像模式，采用激光束作光源；激光束经照明针孔，经由分光镜反射至物镜，并聚焦于样品上，对标本焦平面上每一点进行扫描。样品中如果有可被激发的荧光物质，受到激发后发出的荧光经原入射光路直接反向回到分光镜，通过探测针孔时先聚焦，聚焦后的光被光电倍增管（PMT）探测收集，并将信号输送到计算机，处理后在计算机显示器上显示图像。显微图像中的非观察点背景呈黑色，图像对比度高、清晰且容易找到目标微塑料（图 4－3）。

激光扫描共聚焦显微镜（Zeiss LSM900）　　徕卡共聚焦显微镜平台（Leica STELLARIS 5）

图 4－3　激光扫描共聚焦显微镜

### 4.1.3.2 仪器调试及使用

开启显微镜和激光器后，启动计算机及操作软件，根据试验中荧光样品的激发光波长，选择相应的滤光镜组块。调节所用物镜放大倍数，调节视野亮度等参数，使样本呈现在荧光显微视野中。将显微镜切换到扫描模式，通过调整双孔针和激光强度等参数，截取并保存清晰的共聚焦显微图像视野。激光扫描共聚焦显微镜通常用于表征微塑料的表面形貌，也用于标记微塑料的分布。按照微塑料粒径选择最佳放大倍数；按照标记微塑料的类型选定荧光激发波长和发射波长。将待观测薄片置于显微镜下，观察、测量和图像保存。微塑料的定量分析步骤同荧光显微镜。

## 4.2 鉴定设备及技术

### 4.2.1 傅里叶变换红外光谱

#### 4.2.1.1 简介

傅里叶变换红外光谱（FTIR）技术是一种将傅里叶变换与红外光谱相结合的分析鉴定方法。这种方法很容易鉴定碳基聚合物，光谱质量不受荧光影响且具有相对完善的谱图库可以用于识别聚合物的类型，因此 FTIR 是公认的快速且可靠的土壤微塑料鉴定方法。常用于鉴别微塑料聚合物类型的 FTIR 模式有透射模式、反射模式和衰减全反射（ATR）模式。配套显微系统后的傅里叶变换显微红外光谱仪（$\mu$-FTIR）可以显示微塑料的显微图像，这有利于目标微塑料点的数量、形状信息统计和分析。

透射模式下，红外光谱仪发射红外光束通过微塑料样品，通过测量透射能量并经过换算生成红外光谱。对不透光样品检测效果差，难以应用于老化、深色的微塑料检测，不适用于复杂类型的土壤微塑料鉴别。

反射模式无需检测穿过样品的能量，而测量样品表面反射的能量或者其折射率，并通过检测折射率的变化率高的谱带，经计算后得出样品的吸光度。该模式鉴别微塑料具有操作简单、仪器自动化程度高等优点，能准确分析整张滤膜上的所有可能的微塑料样点并排除杂质干扰，配套 $\mu$-FTIR 后可以借助分析软件程序同时完成微塑料计数定量工作。反射模式对杂质和微塑料有良好的区分、鉴别效果。但需配套使用昂贵的金属滤膜，且操作繁复、前处理过程（多次静置、消解）要求严格、扫描耗时长。

衰减全反射（ATR）模式测量微塑料需配备 ATR 附件［具有高折射率的光学致密晶体，常用于微塑料聚合物检测的材质为锗（Ge）等］。测量微塑料红外光谱时，晶体直接接触微塑料点的表面并发射红外光束，ATR 附件测量样品内部反射的红外光束发生的变化，并将多次衰减变化的红外光束导入红外光谱检测器中。通过信号记录和转换最终生成微塑料红外光谱。使用该模式鉴别微塑料聚合物类型时，使用水系滤膜即可满足检测需要，也无需完全消除滤膜上的杂质，仅需在 μ-FTIR 显微视野中找到微塑料样点并选定 ATR 模式，使探针接触微塑料表面即可完成红外光谱测量；但 ATR 模式会损坏微塑料样点，鉴别的重复性差，同时操作过程中需人工选定目标点，且每次操作后需清洁 ATR 晶体，自动化程度低。通常，尺寸约 20μm 以上的微塑料使用 ATR-μ-FTIR 可以取得良好的鉴定效果。

微塑料鉴定过程中应根据实验室仪器条件与样品测量需求，选取适当的测量模式（图 4-4、表 4-1）。

傅里叶变换红外显微镜（Bruker, Lumos Ⅱ）　赛默飞世尔红外显微镜（Thermo Fisher, Nicolet iN10）　安捷伦傅里叶红外光谱仪（Agilent, Cary630）

图 4-4　傅里叶变换红外光谱仪

**表 4-1　用于鉴别微塑料聚合物类型的 FTIR 测量模式**

| 红外光谱模式 | 优点 | 缺点 |
| --- | --- | --- |
| 反射模式 | 1. 操作简单，仪器自动扫描，对人工操作要求低；<br>2. 对形状规则、可透光的微塑料样品识别效果好；<br>3. 对整张滤膜样本的聚合物类型可以准确分析 | 1. 试验用滤膜材质要求高、价格昂贵；<br>2. 解析出谱图数量多，光谱质量低，需前处理后分析；<br>3. 扫描整张滤膜耗费时间长；<br>4. 前处理需尽可能消解杂质，保证滤膜洁净 |

（续）

| 红外光谱模式 | 优点 | 缺点 |
| --- | --- | --- |
| 透射模式 | 1. 对样品本身的形态、颜色要求低；<br>2. 经前处理后的测样过程简单，仪器自动扫描 | 1. 人工挑选微塑料，操作烦琐、依赖经验，难以挑取肉眼不可见粒径样本；<br>2. 前处理需尽可能消除杂质；<br>3. 扫描大量微塑料样品耗时长；<br>4. 不能检测厚度大、颜色深、难透光的样品 |
| ATR 模式 | 1. 对样品的表面形态、厚度、颜色、透光性要求低；<br>2. 配合显微图像寻找微塑料样点，基本不受滤膜材质、杂质干扰，降低滤膜、前处理成本；<br>3. 可连续操作，检测时间短 | 1. 每次使用需显微模式寻找微塑料样点，难以寻找到＜40μm 微塑料；<br>2. 每次测定后将样点处样品吸附，难以重复测量；<br>3. ATR 晶体单点接触样点后需人工洁净晶体后再测量 |

#### 4.2.1.2 测量前处理及方法

透射模式：实验人员使用尖镊或解剖针挑拣分离在滤膜或滤网表面的疑似微塑料物质（样品尽可能洁净、透明）并转移到仪器样品架，选定透射模式。

反射模式：实验人员将经分离后表面带有微塑料的金属滤膜置于仪器样品架，选定反射模式。

ATR 模式：实验人员将经分离后表面带有微塑料的滤膜置于仪器样品架，在每张滤膜表面尽可能多地挑选疑似微塑料样点（可通过超声处理或消解处理使样品表面尽可能洁净）。未配备显微成像系统时，依赖肉眼观察，可选定＞500μm 的目标点；配备有显微成像系统时，比对显微视野中的疑似微塑料点，可选定＞20μm 目标点。选定 ATR 模式测试。

在选定测量模式后，设置波数范围 500～4 000/cm，分辨率 4/cm，样点扫描次数 64 次，对每个目标物表面的 3 个区域测定红外光谱并矫正基线，将测得的红外光谱图导出。

#### 4.2.1.3 光谱解析

红外光谱以折线图像显示样品中的化学组成信息，在特定波数（/cm）处的每个峰值、强度（吸光度或透射率百分比）和宽度对应于特定的官能团。为鉴别样品聚合物类型，通常将获取的样品红外光谱与标准谱图库（BioRad KnowItAll、OMNIC Picta等）比对并估计匹配度（通常表示为“命中质量指数”，HQI），在匹配度超过70%时，判定为该类型聚合物。但实际环境中的微塑料经过风化且类型复杂，可能出现吸收峰杂乱无法比对等情况。部分研究人员建立了针对微塑料的谱图库，这些谱图库收录聚合物类型、来源、颜色、添加剂和风化情况等特征复杂的微塑料红外光谱，为微塑料鉴别和溯源工作提供了数据支撑。机器学习技术在数据处理分类及定量回归方面的表现优于传统的化学计量技术，可以对大量样本的红外光谱进行解析并提取各类聚合物的特征信息，快速解析目标微塑料红外光谱并判断聚合物类型。利用机器学习技术建模也能在一定程度上消除杂峰干扰，使红外光谱图像的特征峰比对更加快速和准确，提高判别微塑料聚合物类型的效率。解析过程常用的机器学习技术包括：支持向量机（Support Vector Machines，SVM）、随机森林（Random Forest，RF）、主成分分析 PCA（Principal Components Analysis）和决策树 DT（Decision Tree）等。

### 4.2.2 拉曼光谱

#### 4.2.2.1 简介

拉曼（Raman）光谱法是一种基于光的非弹性散射的振动光谱技术，其光谱在特定波长下的峰位、宽度和强度，均对应着特定的分子振动，这些分子振动的结合会指向特定的物质。相较于 FT-IR，Raman 覆盖波长更广、抗水干扰且具有更高分辨率（1μm），但 Raman 对微塑料样品表面的杂质去除要求更加严苛，光谱容易受到环境荧光干扰，成像时间更长且信号微弱难以解析。

#### 4.2.2.2 测量前处理及方法

在拉曼光谱测量之前，将微塑料颗粒样本挑出，置于载玻片上。使用显微拉曼光谱仪（$\mu$-Raman），该仪器中使用的激光发射器激发波长为 785nm（常用于分析＞10$\mu$m 微塑料颗粒的波长为 455、532 或 633nm）。将拉曼光谱位移的波数范围设定为 200～3 200/cm。根据目标微塑料尺寸大小，设定观察目镜及物镜倍数，设定激光功率（通常为 500mW），设定积分时间 2s，收集拉曼光谱。拉曼光谱的测量应确保在黑暗的测试环境中进行，以避免光线影响（图 4－5）。

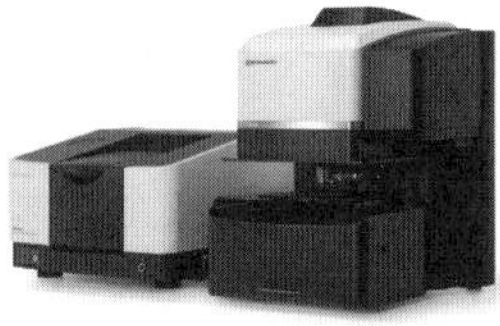

红外拉曼–体视显微镜
（SHIMADZU, AIR sight）

傅里叶拉曼光谱仪
（Bruker, Multi RAM）

图 4－5　拉曼光谱仪

#### 4.2.2.3 光谱分析

拉曼光谱与红外光谱在谱图直观显示上类似，均以折线图像显示样品中的化学组成信息。对于一个给定的化学键，其红外吸收频率与拉曼位移相等，均代表第一振动能级的能量。因此，对某一给定的化合物，某些峰的红外吸收波数和拉曼位移完全相同，红外吸收波数与拉曼位移均在红外光区，两者都反映分子的结构信息。

相比红外光谱，虽然拉曼光谱重叠带更少且相对容易解析，但其光谱信号较弱，信噪比小。机器学习技术常用于增强拉曼光谱信号以提高对微塑料的识别效率。可以借助主成分分析（PCA）算法，输入大量拉曼光谱数据并生成模拟拉曼光谱的“PCA 光谱”，从而捕获到更高信噪比并实现光谱信号增强处理，也可以借助某些聚类算法对经信号增强处理的拉曼光谱进行再次处理和建立分类模型，实现微塑料聚合物类型的快速识别判断。

## 4.2.3 激光红外成像系统

### 4.2.3.1 简介

激光红外成像系统（LDIR）有更高分辨率，可以辨别约 10μm 的微塑料样品。LDIR 在实际成像之前扫描样品，最终排除杂质区域而仅分析有微塑料的区域，这样的工作特性使其工作效率高于 Raman、FTIR。同时，LDIR 在初步扫描期间检测到颗粒即可获取光谱，因此使用 LDIR 测量颗粒较少的样品时效率更高。LDIR 包括衰减全反射（ATR）和反射两种工作成像模式，ATR 模式适用于大颗粒（>500μm）样品的定性分析；反射模式适用于小颗粒样品的自动检测，分辨率可在 1～40μm 之间自动调节。但 LDIR 对样品的纯度要求高，上机前需对样品进行充分去杂质处理；其红外波段较窄，记录和收集的光谱信息相对较少，分析实际环境中老化的微塑料时错误率高。

### 4.2.3.2 测量前处理及方法

将收集有微塑料的滤膜浸没在无水乙醇中，进行充分的超声处理，使用无水乙醇冲洗滤膜，尽可能将所有微塑料颗粒从滤膜上脱附。将含有微塑料的乙醇溶液定容，并吸取部分溶液滴至标准反射窗片（Kevley），使微塑料颗粒随着乙醇溶液的延展挥发均匀地分散开。在选定测量模式后，设置波长范围 975～1 800/cm，分辨率 0.5～1/cm，样点扫描次数 64 次。该方法较适于测量 5～500μm 的微塑料样点。完成测量后，将测得谱图和图像导出（图 4-6）。

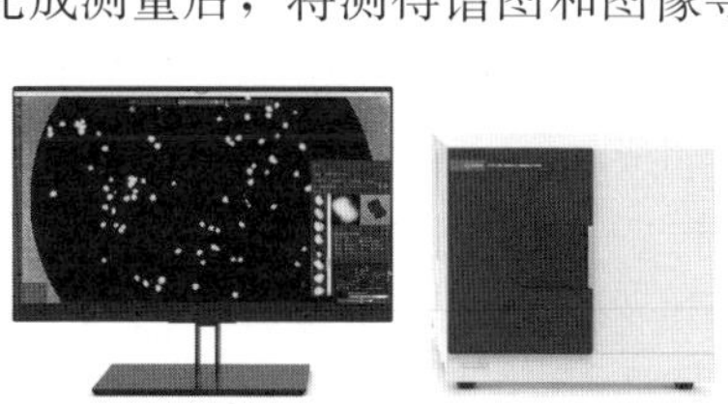

激光红外成像系统（Agilent, 8700 LDIR）

图 4-6 激光红外成像系统

#### 4.2.3.3 光谱分析

目前的研究或商业机构建立了部分聚合物的 LDIR 标准谱图库。为鉴别样品聚合物类型，将测量获取的谱图与标准谱图比对，一般认为匹配度在 70%以上时，判定微塑料为该类型聚合物。为提高处理复杂光谱能力并降低 LDIR 误判的风险，目前的研究在完善微塑料的 LDIR 谱图库同时，借助机器学习技术构建了 KNN、BDT 等模型识别 LDIR 获取的微塑料光谱特征。

### 4.2.4 近红外光谱

#### 4.2.4.1 简介

作为 21 世纪新兴技术，近红外光谱（NIR）广泛应用于各类污染物的化学成分分析和空间分布测定。由于每种聚合物的分子结构不同的特性，NIR 技术利用不同物质对不同频率的近红外光响应差异，实现基于近红外光谱的定性检测。此外，通过对同一波长下不同反射强度的测量，可以实现基于近红外光谱的定量检测。

NIR 分析样品时不需复杂前处理，对复杂介质中的污染物可以快速定量和定性。具备无损检测、检测速度快、前处理简单和能检测多类型微塑料等特点的 NIR 技术已经发展成为一种成熟的分析技术，已经在包括微塑料在内的各类污染物识别分析中有广泛应用。近红外光谱包含大量冗余信息，利用机器学习技术建模可以提取有效特征并快速检出待测介质中微塑料的浓度和聚合物类型。

但 NIR 使用时需借助机器学习等技术对土壤微塑料构建检测模型，模型的准确性影响分析效果，构建模型需制备标准品且模型对不同 NIR 仪器普适性差，更换仪器需重新建模；NIR 技术针对与已知样本类似的微塑料检测效果良好，但对未知介质或微塑料的检测效果较差，普适性不足。NIR 对深色的微塑料颗粒识别率偏低，对不同聚合物类型微塑料的识别效果差别较大（难分辨 PET），也无法精确识别不同类型介质中多类型颗粒共存的样品。

因此，研究中需采用消解或挑拣等针对性前处理，纯化或富集样品中的微塑料。

#### 4.2.4.2 测量前处理及方法

为获取 NIR 光谱图像并进一步建模，需按照需求选取多种类型、粒径、浓度梯度的微塑料，制备土壤-微塑料混合物。使用 NIR 光谱仪器以扫描方式采集样本的 NIR 光谱。设置样本距离镜头位置、扫描速度，每个样本自动采集 3～5 次，获取 900～1 700nm 波段的光谱图像（图 4-7）。

傅里叶变换近红外过程光谱仪（Bruker, MATRIX-F II）

近红外高光谱分析仪（Channel Systems, Sisu CHEMA）

图 4-7　近红外光谱仪

#### 4.2.4.3 光谱分析

基于 NIR 识别微塑料时，需按照土壤-微塑料混合物测量结果分别建立微塑料浓度回归模型和聚合物类型聚类模型，分别评价模型的识别指标，然后用于分析实际土壤样本中的微塑料。通常采用机器学习算法构建模型。其中，SVM 模型因具备强大分类能力和良好泛化性能被广泛应用于 NIR 建模中。CNN、PLS、BayesB 和 PCA 等算法也应用于 NIR 识别微塑料的建模中，并以高准确率识别了土壤中人工制备的微塑料和自然风化微塑料。供训练的数据集有限导致模型迁移性较差，难以识别区别于供试介质和微塑料的样品。因此，研究提出各类机器学习模型［流形嵌入自适应迁移学习模型、Manifold Embedded Distribution Alignment（MEDA）等］用于提高分析不同类型土壤样本中微塑料的适用性，为 NIR 大规模应用于土壤微塑料识别提供了解决途径。

## 4.2.5 热裂解-气相色谱质谱联用技术

### 4.2.5.1 简介

热裂解-气相色谱质谱联用技术（Technology of Pyrolysis Gas Chromatography-Mass Spectrometry，Py-GC-MS）是将热裂解技术和气相色谱质谱联用技术相结合的分析方法。由于高分子材料在某个高温条件下短时间内分子链断裂，产生特征的裂解产物及产物分布，据此可对原样品进行表征。其原理是将微量的高分子样品在惰性气体中快速加热而生成裂解产物，直接将裂解产物导入气相色谱系统进行分离，然后进入质谱仪检测，通过对高温裂解后的特征碎片离子进行定性定量分析，判定样品组成。

Py-GC-MS 主要应用于高分子分析，如黏胶剂、橡胶、油漆、涂料及塑料材质鉴定；高分子添加剂分析，如抗氧化剂、交联剂、光引发剂和抗静电剂等；高分子痕量分析及微塑料定性定量分析。Py-GC-MS 能快速有效地识别样品；灵敏度高，样品用量少；分析速度快，信息量大；适用于各种形式的样品，特别是难挥发和高沸点的物质，一般不需要前处理。但检测过程受裂解温度的影响较大，高分子材料的裂解机理与其化学结构和组成有关，裂解温度过高或者过低都难以形成有效的裂解产物特征图谱；且裂解过程中产生的残留物容易黏附在裂解器内壁，干扰后续样品的测试，需定期清洁裂解器并做好空白对照；GC-MS 灵敏度高，所需样品量非常少，过多的样品量不一定能完全分解，测试过程中需要严格控制样品量（图 4-8）。

多功能热裂解器（Frontier Lab, EGA/PY3030D）

图 4-8 热裂解-气相色谱质谱联用仪

#### 4.2.5.2 测量前处理及方法

使用有机溶剂对富集有微塑料的滤膜进行超声处理，把所有颗粒从滤膜上脱附下来；将浓缩后的微塑料溶液转移至热裂解样品杯中，低温烘干有机溶剂，然后上机测试；设置裂解参数、传输线温度、色谱柱温度、炉温等，测试得到不同微塑料热裂解气质联用谱图。

#### 4.2.5.3 图谱分析

通过查找微塑料样品的热裂解气质联用谱图中是否含有对应的微塑料特征热裂解产物，即可对微塑料样品中的成分进行定性。也可以采用 F-search 软件进行全自动数据分析，对每个聚合物的特征热裂解碎片进行识别分析，确认微塑料的成分。定性分析后，也可进行定量分析。根据不同微塑料的特征裂解碎片的峰面积建立标准曲线，进行定量测定，可得到微塑料中不同成分的含量。

## 4.3 主要技术对比分析

### 4.3.1 供试材料

#### 4.3.1.1 土样采集与前处理

选择新疆维吾尔自治区阿拉尔市七团未覆膜的灌溉农田（40°39′58″N，80°39′15″E）进行土壤样品的采集，为减小土壤样品中微塑料的本底值，尽可能收集 50～100cm 的深层土壤。将收集的土壤样品充分混合，去除肉眼可见的石砾、秸秆等杂质，装入棉布袋中带回实验室。将带回的土样置于干净的房间内室温风干至恒重，碾碎并过 2mm 筛备用。土壤质地为砂壤土，密度为 2.5g/cm$^3$、pH 为 7.89，有机质为 2.70g/kg。

为进一步排除土壤样品中微塑料本底值的干扰，采用密度悬浮法对风干的土壤样品进行反复悬浮，以获得无微塑料污染的供试土样。具体步骤如下：

步骤 1：配制密度为 1.18g/cm$^3$ 氯化锌溶液，即 288g 氯化锌

($ZnCl_2$，分析纯）溶于 1L 去离子水中，密度计测量密度。

步骤 2：将 100g 左右的土壤样品置入干净的 250mL 烧杯 A 中，加入约 200mL 的饱和 $ZnCl_2$ 溶液，用玻璃棒充分搅匀，并使用饱和 $ZnCl_2$ 溶液冲洗玻璃棒上的残留物至烧杯 A。

步骤 3：将装有土壤悬浮液的烧杯 A 放入密闭箱中静置 10h，待固液分层后小心移除上层清液。

步骤 4：将留存在烧杯 A 中的土壤样品置于恒温干燥箱中，40℃烘干至恒重（约 12h），碾碎后称取 10g 置入新的 250mL 烧杯中备用（称取 3 份）。

重复上述操作两次，最终获取 3 组（记为 1-1、1-2、1-3 三个实验组别），共 9 份供试土样，每份供试土样干重为 10g。

#### 4.3.1.2 微塑料制备

收集回收后的地膜（使用年限为 3 年），将地膜样品清洗干净并风干后粉碎用于制备微塑料。农用地膜密度为 0.94g/$cm^3$，厚度为 10μm。将粉碎的地膜去除静电，通过振动筛粗略筛选粒径＜5 000μm 的微塑料。体视显微镜下观察微塑料形状，将微塑料分为纤维状、碎片状和颗粒状三种形状（彩图 1）；用显微镜自带软件测量微塑料粒径，根据粒径大小将其分为小型、中型和大型微塑料。数出 80 个不同形状和大小（100～5 000μm）的微塑料，观测并记录其粒径和形状分布（彩图 2）。

### 4.3.2 对比试验

不同检测技术对比试验流程可分为土壤-微塑料混合物制备、提取和回收微塑料、微塑料检测与鉴定三部分。具体操作如下：①将 80 个微塑料与 10g 供试土样置于 250mL 烧杯 A 中，用玻璃棒充分搅拌混匀，并用去离子水冲洗玻璃棒上的附着物至烧杯 A 中，将烧杯 A 中的混合样品静置 3d。②向烧杯 A 中添加约 200mL 饱和 $ZnCl_2$ 溶液，磁力搅拌器设置 500r/min 搅拌 30min，冲洗转子及杯壁上的残留物至烧杯 A 中；将烧杯 A 放入密闭箱体静置 10h，待固液分层后使用玻璃针筒取上层清液后使用 1 500 目金属滤网过滤。③使用 30% $H_2O_2$ 溶液将金属滤网上的物质冲洗至烧杯 B 中，将烧杯 B 置于 61℃的水浴锅中消解 10h，消解后的溶液通过 1 500 目金属滤网过滤。④使用无水乙醇将金属滤网上的物质冲洗至烧杯 B 中，然后使用真空抽滤器将烧杯 B 溶液中的物质富集到 0.45μm 的 MCE 滤膜上，在抽滤过程中使用去离子水冲洗烧杯 B 的杯壁、抽滤装置的过滤器及滤头，溶液重复抽滤两次。⑤依次用体视显微镜（目测法）、显微傅里叶红外光谱仪（μ-FTIR）、显微共聚焦激光拉曼光谱仪（μ-Raman）、激光红外成像系统（LDIR）以及热裂解-气相色谱质谱联用仪（Py-GC-MS）对滤膜上富集的微塑料进行检测，统计分析微塑料的数量和形态。试验的具体流程如图 4-9 所示。

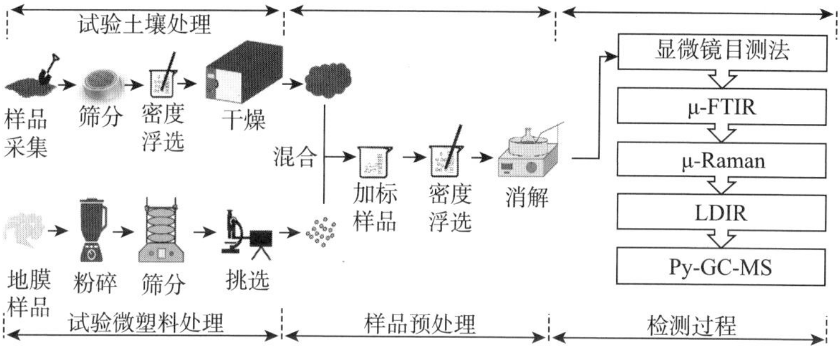


图 4-9 土壤微塑料样品制备及试验流程

## 4.3.3 结果与分析

### 4.3.3.1 微塑料丰度

目前研究主要采用单位质量干土中微塑料的个数（个/千克，items/kg）表示土壤中微塑料丰度；热分析法（热裂解-气质联用技术）进行微塑料检测时，通常用单位质量干土中微塑料的质量表示土壤微塑料丰度。

微塑料粒径范围为 100～5 000μm 时，不同检测方法下微塑料回收率结果显示（图 4-10），体视显微镜目测法微塑料综合检出率最低，为（66.25±3.31）%。目测法检测微塑料操作过程简单、成本低，但因受背景干扰及肉眼识别误差影响，100～5 000μm 不同粒径等级下微塑料检出率均低于其他方法（μ-FTIR、μ-Raman、LDIR）。μ-FTIR 的综合微塑料检出率最高，为（85.83±1.44）%；μ-Raman 检测时，微塑料综合检出率为（74.17±4.08）%，使用 LDIR 检测时，微塑料综合检出率为（73.75±2.17）%。

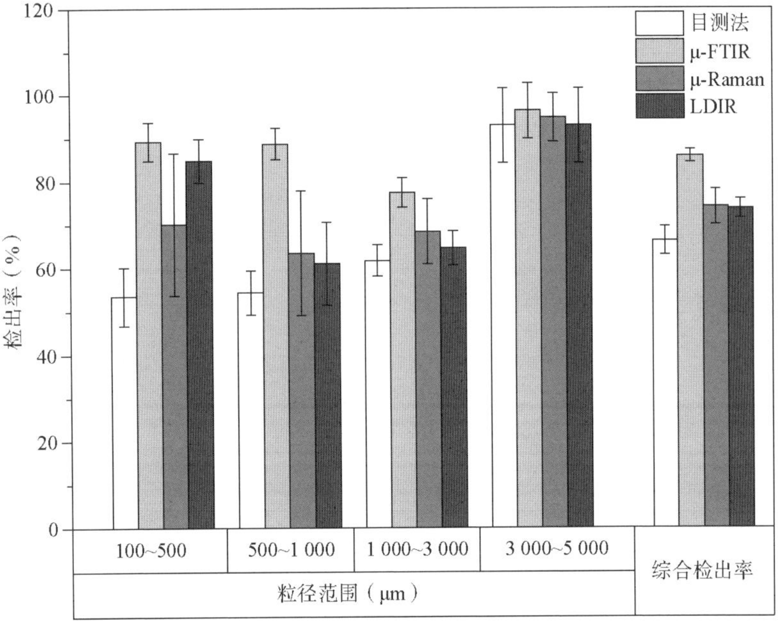


图 4－10　微塑料粒径范围为 100～5 000μm 时不同检测方法检出率

样品前期制备时所添加聚乙烯微塑料粒径范围为 100～5 000μm，但试验过程中检测出样品中含有粒径范围 1～100μm 的微塑料，可能存在以下原因：①土壤纯化后含有少量未被密度分离法去除的微塑料颗粒；②制备样品过程中，存在光学显微镜观测不到的小粒径微塑料附着在大粒径微塑料上被添加进入样品；③混合样品及密度分离法提取过程中大粒径微塑料发生碎化分解，最终在该粒径范围被检出。具体检测结果如表 4－2 所示：

**表 4-2 不同检测方法检测出的粒径为 1～100μm 微塑料的个数**（items）

| 试验组别 | 检测方法 | 微塑料粒径范围（μm） | | | 总计 |
|---|---|---|---|---|---|
| | | 1～20 | 20～50 | 50～100 | |
| 1-1 | 目测法 | — | — | 10 | 10 |
| | μ-FTIR | — | 7 | 45 | 52 |
| | μ-Raman | 7 | 15 | 40 | 62 |
| | LDIR | — | 16 | 47 | 63 |
| 1-2 | 目测法 | — | — | 8 | 8 |
| | μ-FTIR | — | 9 | 49 | 58 |
| | μ-Raman | 5 | 17 | 44 | 66 |
| | LDIR | — | 15 | 53 | 68 |
| 1-3 | 目测法 | — | — | 7 | 7 |
| | μ-FTIR | — | 11 | 41 | 52 |
| | μ-Raman | 5 | 20 | 38 | 63 |
| | LDIR | — | 15 | 49 | 64 |

通过查询文献及前期试验确定了密度悬浮法的实际分离效率为(93.33±5.77)%，由此计算出不同检测方法的实际检出率情况。但由于试验过程中土壤有机质以及选取的微塑料类型、粒径与形状不同，实际的检测效率会有所偏差。从试验结果与误差传递公式计算可知，μ-FTIR 的平均识别效率为（91.97±5.95)%，μ-Raman 的平均识别效率为（79.46±7.03)%，LDIR 的平均识别效率为(79.00±6.17)%，Py-GC-MS 的平均识别效率为（93.73±3.32)%，此结果与其他同类研究一致。

试验获取不同方法对微塑料的优势检测粒径，适用体视显微镜的微塑料检测的粒径范围为 500～5 000μm，μ-FTIR 对 20～500μm 粒径范围的微塑料具有较好的检出效果，μ-Raman 对粒径范围 1～20μm 的小粒径微塑料检出效果良好，LDIR 对粒径范围 20～100μm 的微塑料识别检出率较高。

#### 4.3.3.2 微塑料形状与组成

目测法、μ-FTIR、μ-Raman 和 LDIR 四种常见检测方法对不同形状土壤微塑料的识别情况如图 4-11。

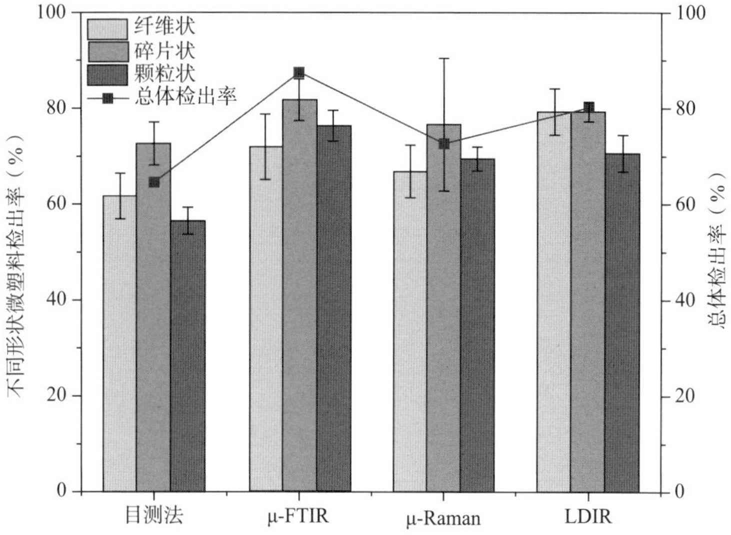


图 4-11 四种检测方法对不同形状微塑料的检出结果

结果发现，四种微塑料检测方法对纤维状微塑料的检出率较低，为 61.78%～79.40%；对碎片状微塑料的检出率最高，为 72.67%～81.85%。从四种方法对不同形状微塑料的总体检出率结果来看，μ-FTIR 能够更准确地识别微塑料的形状（纤维、碎片、颗粒）；其次为 LDIR，能够在软件界面快速获取样品中微塑料的长宽数据及光谱信息，也可以清楚判断和区分近距离集聚的微塑料轮廓和形状。

微塑料定量分析研究过程中，对微塑料类型的判断也是非常重要的环节，不同识别方法对样品除聚乙烯外其他有机物成分含量识别结果如图 4-12 所示，其中 CK 数据为未添加聚乙烯微塑料的土壤空白对照组（数据使用 Py-GC-MS 检测得出）：

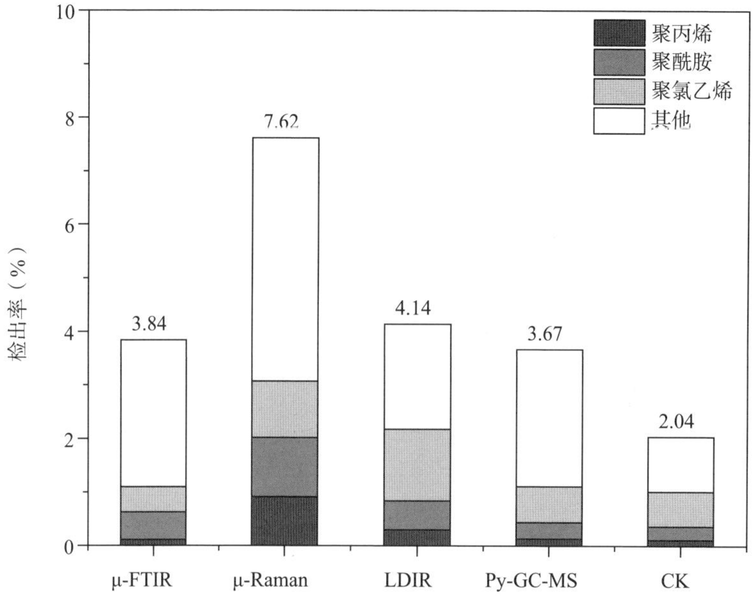


图 4-12　不同方法测定微塑料的检出率

研究表明，气相色谱质谱联用技术对微塑料类型的判断较为准确，在此以 Py-GC-MS 对 CK 组的检测结果作为标准，比较数据得知，μ-Raman 与其他两种光谱方法（μ-FTIR 和 LDIR）相比，对有机物类型的判断精度不高。样品在检测过程中可能会受到土壤所含有机物干扰，且拉曼光谱仪所采集的光谱除试样的自身信息外，还包括了其他无关信息，如电噪声、试样背景和杂散光等，由于土壤复杂的环境条件及不同的试验参数，样品的拉曼光谱存在不同的干扰峰值，可能导致拉曼光谱对样品有机物类型判断错误，在实际使用过程中要调整合适的参数。μ-FTIR 与 LDIR 在试验过程中对土壤中有机物类型判断差距不大。

## 4.4　综合选择原则

现阶段微塑料检测技术可分为显微成像法、光谱法与热分析法三大类。显微成像法主要使用光学/体视、荧光显微镜或激光扫描共聚焦显微镜对微塑料进行观测识别，不能鉴定微塑料类型；光谱法主要通过分析不同光谱特征峰值与峰值面积对微塑料实现定性或定量分析；热分析法通过对比分析样品的裂解产物，对微塑料成分与质量进行解析。主要检测与鉴定技术的精度及优缺点见表 4－3。

**表 4－3　主要检测技术的精度及优缺点**

| 主要检测技术 | | 检测精度 | 优点 | 缺点 |
|---|---|---|---|---|
| 显微成像法 | 光学/体视显微镜 | 50μm | 操作简便、成本低、耗时短 | 容易造成误判、低估微塑料丰度 |
| | 荧光显微镜 | 1μm | 1. 操作简便，可快速识别目标物；<br>2. 获取信息丰富（包括数量、形状、大小及荧光信号） | 1. 样品需具有荧光信号；<br>2. 需结合白光图像区分微塑料颜色 |
| | 激光扫描共聚焦显微镜 | 150nm | 1. 分辨率高、图片清晰；<br>2. 容易找到目标物；<br>3. 可采集和叠加多色荧光图像；<br>4. 通过荧光信号对样品定性/定量 | 1. 视野小，成像时间随样本大小增加；<br>2. 仪器结构复杂、成本高；<br>3. 无法对荧光弱的样品成像 |
| 光谱法 | 显微傅里叶变换红外光谱 | 20μm | 1. 适用范围广、检索数据库丰富；<br>2. 不受荧光干扰 | 1. 检测过程耗时较长；<br>2. 灵敏度较低，可重现性差 |
| | 显微共聚焦拉曼光谱 | 1μm | 1. 与 FTIR 技术互补，检测精度高；<br>2. 光谱成像快，分辨率高 | 1. 对样品表面杂质去除情况要求高；<br>2. 易受环境与波段选择干扰；<br>3. 检测过程耗时耗力 |
| | 激光红外成像技术 | 10μm | 1. 自动化分析，工作效率高；<br>2. 微塑料识别准确 | 1. 对微塑料粒径范围存在一定要求；<br>2. 容易误判实际环境中老化的微塑料<br>3. 耗时长，经济成本较高 |

（续）

| 主要检测技术 | | 检测精度 | 优点 | 缺点 |
|---|---|---|---|---|
| 热分析法 | 热裂解-气质联用技术 | 0.1～0.3μg/g | 微塑料成分及质量判别准确 | 1. 对样品有破坏性；<br>2. 无法对微塑料大小、形状、数量进行分析 |

目测法主要是利用肉眼或者光学显微镜对微塑料进行识别，操作过程简单、成本低，但因为受到背景干扰及肉眼识别误差影响，当微塑料粒径<50μm时检出率低，检测误差随微塑料粒径的减小而增加。

显微傅里叶变换红外光谱法（μ-FTIR）与其他光谱法相比成本较低，对各粒径范围的微塑料均有较好的检出率；识别过程中微塑料的傅里叶光谱数据库丰富；对微塑料类型的判断准确率高，不易受到微塑料上附着的残留物干扰。但无法对粒径范围小于20μm的微塑料进行数量分析，且检测周期较长。

显微共聚焦激光拉曼光谱法（μ-Raman）在进行微塑料识别过程中也具有较好的检出率，最小检测粒径为1μm；对比其他光谱法，在小于20μm粒径微塑料的定量分析上具有独特优势，适用于粒径介于1～20μm的微塑料定量分析。但在识别微塑料过程中，拉曼光谱法操作最为复杂，易受到荧光及微塑料上残留有机物的干扰。

激光红外成像技术（LDIR）检出限为10μm，在10～500μm检测区间内对于微塑料形状的识别比较准确，检测识别速度快；但对微塑料粒径范围有一定的要求，微塑料之间粒径差异大，不易被聚焦识别，图谱质量相对较差；对样品纯度要求高，需对样品进行充分去杂质处理。

热裂解-气质联用技术（Py-GC-MS）对微塑料的检出限介于0.1～0.3μg/g，对微塑料颗粒大小、颜色、形态等样品状态无特别要求，对样品中微塑料的成分判别及定量分析有较好的效果，适用于环境中痕量微塑料的分析检测。但热分析法对样品具有破坏性，无法对样品中微塑料的数量、粒径大小、形态进行微观分析，仍需不断完善与优化。

综上所述，检测土壤中微塑料时，如果不关注微塑料形态分布特征，使用 Py-GC-MS 可以准确获得土壤微塑料组分及含量；光谱法中，μ-FTIR 是目前在微塑料研究中应用较广且可靠的检测方法；μ-Raman 分辨率和精度高，在识别与鉴定小粒径微塑料时独具优势；LDIR 能快速识别特定粒径范围的微塑料。现阶段多有研究者使用两种或多种检测技术相结合的方式分析土壤中的微塑料。在此提出四种适合不同场景需求的微塑料检测方法：

①目测法结合显微傅里叶变换红外光谱能够对土壤微塑料进行快速无损检测，是最简单、经济的土壤微塑料检测方法，适用于微塑料粒径＞50μm 的粗检场合。

②扫描电子显微镜结合激光显微共聚焦拉曼光谱适用于 1～20μm 小粒径微塑料检测与分析。

③激光红外成像技术结合傅里叶光谱技术可以准确地分析土壤微塑料的丰度、粒径、形状、组成类型，检测粒径范围大，适用性最好，适用于微塑料粒径＞10μm 以上的场合。

④热裂解-气质联用与激光红外成像技术相结合，对土壤微塑料的丰度与组成检测精度最高，热裂解可以准确分析微塑料成分，激光红外成像技术可以清晰展示微塑料形态、外观、尺寸差异，但其检测成本较高，适用于对微塑料粒径＞10μm 且成分要求准确度高的场合。

# 5　计量方法与质量控制

## 5.1　计量方法

目前主要以数量和质量来定量土壤中微塑料丰度。数量定量方法较为常用，根据定量原理分为视觉方法和光谱方法。数量定量视觉识别包括人工挑拣计量和图像识别计量（Photoshop、Image J、计算机视觉）。用于图像识别计量的辅助方法还有热处理和染色荧光等（表5-1）。质量定量方法主要通过热裂解-气质联用技术获得谱图，基于标准曲线，对比分析谱图特征峰与峰面积计算分析微塑料含量。

**表5-1　微塑料视觉识别方法**

| 定量方式 | 定量流程 | 原理及优点 | 缺点 |
| --- | --- | --- | --- |
| 目视观察计数 | 立体显微镜下目视观察计数并统计形状 | 人工挑拣滤膜上的微塑料，对仪器设备要求低 | 耗时耗力；依赖人工经验判断，准确率没有保障，误差大 |
| 染色拍照对比计数 | 荧光体视显微镜拍照、Image J 识别并统计 | 尼罗红等亲脂性染液对高疏水性的微塑料染色效果良好，可区分混合的微塑料与无机杂质；适用于荧光照片的软件分析计数，大幅提高效率；可以统计微塑料形状特征 | 可以染色小部分有机杂质，导致微塑料数量偏多，因此计数过程需人工对比白光、荧光照片排除干扰 |

（续）

| 定量方式 | 定量流程 | 原理及优点 | 缺点 |
| --- | --- | --- | --- |
| 热处理图像对比计数 | 分离出的微塑料转移至玻璃板，立体显微镜拍照，热处理，拍照，Photoshop 对照片描边，Image J 识别并统计 | 利用微塑料受热形变特性区分微塑料与杂质，计数较准确 | 对微塑料具有破坏性，不能统计微塑料原始形状特征，加热操作烦琐 |

## 5.2 单位表述

根据微塑料丰度计量方法，可用单位质量干土中微塑料的个数或者质量来表示土壤中微塑料丰度。目前多数研究采用单位质量干土中微塑料的个数（个/千克）表示土壤中微塑料丰度，现有的单位有 particles/kg、pieces/kg 或 items/kg；还有少量研究采用单位重量干土中微塑料质量表示微塑料丰度，单位为 mg/kg、μg/kg 或 g/kg。

## 5.3 质量控制

土壤微塑料检测过程中（包括采样、分离和鉴定），应避免工作环境、材料设备、供试溶液、空气等引起的二次微塑料污染。为确保评估结果的准确性与可靠性，建议采取以下的质量控制措施：①取样过程中，使用非塑料制造的取样工具且确保工具洁净，使用牛皮纸或棉质样品袋并避免塑料包装与样品接触；②所有室内试验工作应在限制进入和气流稳定的实验室中进行，定期清理实验室空气过滤装置、整理实验室杂物以保持工作环境洁净；③所有试验人员应穿着洁净的棉质实验服，避免将化纤类衣物暴露于试验环境，应使用直接从包装中取出的无菌手套；④所用仪器或器皿均应由玻璃或金属制成，避免使用塑料制品（如聚四氟乙烯搅拌子、塑料洗瓶和塑料自封袋等），定期检查仪器或器皿表面光滑程度并及时更换表面粗糙磨损的仪器或器皿；⑤所有工作表面应在使用前用经过滤的酸、乙醇或超纯水彻底清洗干净；⑥所有供试溶液在使用之前必须过滤并保存在干净的玻璃瓶中（使用的过滤装置孔径应小于或等于试验用过滤装置）；⑦过滤装置应易于清洗并不具备微塑料释放潜力，使用前和更换样品后需进行彻底清洗；⑧所有暴露在外的溶液和样品均需用玻璃盖或铝箔覆盖，仅在必要时打开；⑨设置空白对照组，用于平衡二次微塑料污染。

## 5.4 数据矫正

根据实验室空白加标法进行精密度和准确度的验证。加标样品的制备方法是称取 0.200 0g 粒径为 48～500μm 微塑料颗粒（聚乙烯、聚氯乙烯和聚丙烯按 1∶1∶1 重量比混合均匀）加入 10g 纯净无污染土壤中（经过悬浮尽可能地去除微塑料背景值）。制备 7 个空白加标的平行样，按土壤中微塑料分离与鉴定操作步骤进行分析，加标回收率应为 90％～105％，相对标准偏差应小于 10％。

由于土壤环境的复杂性，分离和检测过程中疑似微塑料的颗粒中必然会存在非微塑料，最终的微塑料丰度应用微塑料鉴定比率（实际微塑料个数/鉴定的疑似微塑料总个数）进行矫正，避免高估环境样品中微塑料丰度。

# 6 不同粒径微塑料的分离与检测

不同粒径范围微塑料数量可能存在数量级上的差异，且检测过程中微塑料粒径差异较大可能会干扰微塑料的识别（同一视野中微塑料粒径范围越窄，识别过程中越有利于聚焦），为提高从土壤环境中分离和检测微塑料的准确性，可根据实验目的，综合考虑不同检测技术的优缺点及经济效益，对土壤中的微塑料进行粒径分级检测。为减少外源微塑料污染，不同粒径微塑料的检测中避免使用塑料制品，整个实验过程均需在干净的房间中进行，实验操作中穿戴棉质试验服和乳胶手套，所用玻璃或金属器皿均需用去离子水清洗干净，备用时用锡纸包裹存放。由于仪器检出限的问题，本书只给出了粒径为 10～5 000μm 微塑料的分级分离和检测方法。

首先，充分混合风干的待测土壤样品，准备 2mm 和 5mm 不锈钢土壤筛，将 5mm 的不锈钢筛叠摞在 2mm 的不锈钢筛上，放置在 A4 纸或托盘上；将约 200g（风干土重）的土壤样品置于 5mm 不锈钢土壤筛上，将大颗粒土样捏碎、过筛，丢弃未通过 5mm 不锈钢土壤筛的石砾等杂物，分别保留 2mm 不锈钢筛上的土样和 2mm 不锈钢筛以下的土壤样品，即得到：①粒径为 2～5mm 的土样，用于进行粒径 2 000～5 000μm 级的微塑料测定；②粒径＜2mm 的土壤样品，用于粒径 50～2 000μm 和 10～50μm 级的微塑料测定。为保证数据的准确性，每个样品重复三次。

## 6.1 粒径 2 000～5 000μm 级的微塑料

光学/体视显微镜或光谱仪器识别微塑料时，粒径为 2 000～5 000μm 的微塑料会占据相对较大的视野面积，每个视野中微塑料数据较少，且同一视野中大粒径和小粒径微塑料很难同时聚焦，增大了识别和检测难度。因此，一般采用目检法检测粒径为 2 000～5 000μm 的微塑料。具体操作如下：

### 6.1.1 微塑料分离

称取 100g 粒径为 2～5mm 的土壤样品，将样品平铺于干净的搪瓷盘或牛皮纸上，用不锈钢镊子挑出 2～5mm 土样中肉眼可见的塑料疑似物，必要时可借助放大镜或制样显微镜进行挑选，留存挑选出的塑料疑似物用于鉴定其成分。

### 6.1.2 微塑料鉴定

利用傅里叶红外光谱仪检测挑取出来的微塑料疑似物成分，选定傅里叶红外光谱仪中 ATR 测量模式后，设置波长范围 500～4 000/cm，分辨率 4/cm，样点扫描次数 64 次，对每个目标物表面的 3～5 个区域测定红外光谱并矫正基线，将测得的红外光谱图导出。将获取的样品红外光谱与标准谱图库比对并估计匹配度，在匹配度超过 70%时，判定为该类型聚合物。当样品谱图较为复杂时，可人工解析谱图特征峰，根据经验和文献资料参考判定聚合物成分。丢弃非微塑料物质，记录并统计不同聚合物组成和占比。

### 6.1.3 微塑料统计与计数

将鉴定为微塑料的样品平铺放置于 A4 纸上（避免堆叠），拍照并记录。获取图像后，常借助图像处理工具（Image J、Photoshop 等）分析微塑料信息（数量、形状、大小等）。实际应用中可选择多种图像处理工具，根据试验要求和精度等自主选择，通常选择基于 Photoshop 的图像处理工具。首先，将图像导入处理工具。对图像进行格式和灰度转换，通过调整阈值，获取微塑料的边缘，根据像素点累计计算视野中每个微塑料点的面积、周长、粒径信息；再将图像处理工具得到的微塑料信息按照视野或滤膜编号保存至 Excel 表格中，整理、换算和统计后进行微塑料的数量定量。

## 6.2 粒径 50～2 000μm 级的微塑料

### 6.2.1 微塑料分离

称取 10g（干土重）上述通过 2mm 筛的土壤样品至干净的 250mL 烧杯 A 中；烧杯 A 中加入 200mL 悬浮液，400r/min 搅拌 20min，静置，将漂浮物转移至新烧杯 B 中（重复 2～3 次）；直至烧杯 A 中没有疑似塑料漂浮物，丢弃烧杯 A 中的物质，将烧杯 B 中混合溶液静置 1h 左右；小心地转移上层含有塑料的液体通过孔径为 50μm 的不锈钢滤网，得到附着有粒径 50～2 000μm 级微塑料的滤膜和含有粒径＜50μm 级微塑料的过滤液。详细操作步骤可参考 3 土壤微塑料分离技术中 3.4 综合选择原则部分。

用消解液（约 20mL）将滤网上的塑料疑似物冲洗并转移至小玻璃瓶中进行消解；将消解后玻璃瓶中的物质全部通过孔径为 50μm 的不锈钢滤网，用去离子水将滤网上的物质冲洗并转移至干净的烧杯 C 中，按比例向盛有塑料疑似物的烧杯 C 中加入尼罗红溶液（终浓度以 0.1～5μg/mL 为宜）染色 30min。染色完成后，用真空过滤装置将悬浮物过滤至 0.2μm 的水系滤膜上（滤膜直径为 45/60mm，为避免微塑料疑似物堆叠可使用多张滤膜分开过滤悬浮液），24h 内用荧光显微镜拍照记录。每张滤膜上选取 10 个点分别用白光和荧光进行拍照，并标出拍照位置用于后续的傅里叶变换红外光谱（FTIR）分析鉴定微塑料成分。

### 6.2.2 微塑料定量

获取图像后，借助图像处理工具（Image J、Photoshop 等）分析微塑料信息（数量、形状、大小等）。实际应用中可选择多种图像处理工具，根据试验要求和精度等自主选择，通常选择基于 Photoshop 的图像处理工具。首先，将图像导入处理工具。对图像进行格式和灰度转换，通过调整阈值，获取微塑料的边缘，根据像素点累计计算视野中每个微塑料点的面积、周长、粒径信息；再将图像处理工具得到的微塑料信息按照视野或滤膜编号保存至 Excel 表格中，整理、换算和统计后进行微塑料的数量定量。

### 6.2.3 微塑料鉴定

对照荧光和白光照片，在每张滤膜拍照区域选择约 15 个易于区分形状的微塑料疑似物（便于将膜上待检测的塑料疑似物与荧光照片上统计在内的微塑料对应），利用傅里叶红外光谱仪鉴定其成分。选择傅里叶红外光谱仪中 ATR 测量模式后，设置波长范围 500～4 000/cm，分辨率 4/cm，样点扫描次数 64 次，对每个目标物表面的 3～5 个区域测定红外光谱并矫正基线，将测得的红外光谱图导出。将获取的样品红外光谱与标准谱图库比对并估计匹配度，在匹配度超过 70%时，判定为该类型聚合物。当样品谱图较为复杂时，可人工解析谱图特征峰，根据经验和文献资料参考判定聚合物成分，记录检测出的塑料和非塑料物质数量，统计微塑料占比及不同聚合物组成和占比。

### 6.2.4 数据校正

因图像识别中可能会将形状相似或同类型物质误判为微塑料，造成检测结果偏高，需根据鉴定出的微塑料占比，对图像识别出的微塑料数量进行进一步的数据校正，避免高估环境样品中微塑料丰度。

## 6.3 粒径为 10～50μm 级的微塑料

### 6.3.1 微塑料分离

将 6.2 中获得的含有＜50μm 粒径级微塑料的过滤液再次通过孔径为 10μm 的不锈钢滤网，用消解液（约 20mL）将滤网上的漂浮物转移至小玻璃瓶中进行充分消解；将消解后玻璃瓶中的物质全部通过孔径为 10μm 的不锈钢滤网，用无水乙醇将滤网上的物质冲洗并转移至干净玻璃瓶中（溶液应为透明澄清液体，若出现浑浊或黄色，应进行再次消解，以充分去除杂质)，利用氮吹法或待乙醇自然挥发浓缩至 1mL。

### 6.3.2 微塑料鉴定

采用激光红外成像系统对微塑料颗粒进行全自动扫描分析，一般采用反射模式。将 20μL 浓缩的乙醇溶液转移至检测窗片（Kevley）上，使微塑料颗粒随着乙醇溶液的延展挥发均匀地分散开。静置，待乙醇充分挥发后进行检测。再选定反射模式，设置波长范围和分辨率及样点扫描次数。系统将自动完成区域微塑料颗粒的识别、定位和拍照；完成测量和检索分析后，将测得谱图和图像导出，也可以重新手动进行谱库比对验证。导出数据，整理并分析不同微塑料的组成和数量。

# 7 实际应用的案例解析

## 7.1 新疆棉田土壤微塑料

### 7.1.1 样品采集

采样地点选取中国新疆。新疆位于中国西北部，气候干旱少雨，是中国的棉花重要生产基地。据统计，2020 年中国棉花总种植面积为 $316.9\times10^4$ ha，其中新疆种植面积 $250.2\times10^4$ ha。新疆棉田长期采用地膜覆盖技术结合膜下节水滴灌连作种植，棉田地膜覆盖量平均达到 82.50kg/ha，具有典型性和代表性。土壤样品取自于新疆阿拉尔市和胡杨河市的典型连续覆膜农区，分别采集覆膜 5、10、15、20、25、30 年的棉田各 10 个样点的土壤样品，最大面积为 40ha，最小面积为 2ha。在棉花春播前（3—4 月），用全球定位系统工具（Global Positioning System，GPS）在阿拉尔市和胡杨河市周边典型的覆膜棉田分别选取 50 和 10 个样点。在每个采样点上随机用正方尺框取 100cm×100cm 的正方形，逐层采集 0～10、10～20、20～30、30～40、40～50、50～60cm 深度的土壤样品（彩图 3），每个样点采集 6 个样品，60 个样点共收集 360 份土样。用 5mm 的不锈钢标准筛（GB/T 6003.1—2012，5mm，绍兴市上虞华丰五金仪器有限公司）分层筛取 0～60cm 土壤样品，初步去除掉土块、棉秆和树根等杂质，收集 200g 左右过 5mm 筛的土壤样品，装入标记好的棉布袋，带回实验室进行微塑料分离与检测研究。

### 7.1.2 微塑料分离与检测

#### 7.1.2.1 微塑料分离与丰度统计

将采集的土壤样品在干净的实验室自然风干，筛除样品中大于

5mm 的大塑料碎片、小石块和棉秆、植物根系等杂质。基于微塑料和溶液的密度差异性对土壤中的微塑料进行悬浮分离[24]。

悬浮液配制步骤如下：用电子天平准确称取 360.00g 氯化钠，溶于 800.00mL 蒸馏水中，用磁力搅拌器 200～300r/min 搅拌 30min 使其充分溶解；待溶解完全后将烧杯中的溶液用玻璃棒引流至容量瓶中，用 200mL 蒸馏水洗涤烧杯内壁 2 次，将洗涤液全部转移至容量瓶中备用。

微塑料提取分离步骤如下：①每个样本称取 10.00g 土壤分别装入 500mL 烧杯中，加入 200mL 饱和 NaCl 溶液，室温下用玻璃棒充分搅拌均匀，用饱和 NaCl 溶液把吸附在玻璃棒上的微塑料冲洗至烧杯中，盖上磨砂玻璃片，防止空气中的塑料颗粒进入烧杯中，静置待土壤颗粒沉淀。②静置约 12h 固液分层后，用玻璃吸管吸取上清液至新的 250mL 烧杯中，并用少量蒸馏水多次冲洗玻璃吸管内壁的残留物至烧杯中，将烧杯中含有微塑料的溶液全部通过 0.45$\mu$m 混合纤维素过滤膜（HAWP04700，上海轩仪仪器设备有限公司）过滤；用不锈钢镊子将载有疑似微塑料颗粒物的滤膜转移至玻璃培养皿上。上述密度悬浮操作 3 次（饱和 NaCl 溶液重复利用），将上清液漂浮的物质全部收集至滤膜上。③借助立体显微镜（TD-2KHU，深圳市三锵泰达光学仪器有限公司）用不锈钢细尖镊子挑出全部的微塑料置于载玻片上，盖上盖玻片，调整立式显微镜的目镜和物镜倍数观察微塑料颗粒，通过目测法筛选和统计从各土层分离出的微塑料，并用连接于显微镜上的高清显示系统拍照记录微塑料的形态。按不同的形貌特征对微塑料进行分类，将数量记录于 Excel 表格中。

#### 7.1.2.2 微塑料表面形态分析方法

用扫描电镜（SEM）对从土壤中分离的微塑料样品进行表面形貌（包括形状、孔隙和裂纹等）表征。具体操作如下：①用导电胶带将微塑料样品粘在样品台上，把粘好的样品台放入喷金仪（JFC-1600 JEOL，日本电子株式会社），设置喷金仪电流 20mA，喷金时间 80s，对样品进行喷金处理。②将处理好的样品放入扫描电镜（JSM-6700F JEOL，日本电子株式会社）样品交换室，推入样品室，抽真空待样品室压强达到 $5\times10^{-5}$ Pa 时开始测试；调节测试电压为 5kV，找到目标区域，调节清晰度，进行慢扫描，扫描并拍摄完成后调节对比度和亮度，然后保存图片。③SEM 扫描样品的同时，在能谱仪（EDS）中输入 SEM 相同的加速电压和放大倍速，同时设定时间常数“Amp time”，使“DT”维持在 20%～40%。设定后，点击“Collect Image”，进行谱图采集；根据不同元素具有不同的 X 线光子特征能量，对微塑料组成元素进行分析。

#### 7.1.2.3 微塑料成分鉴定方法

采用显微傅里叶变换红外光谱仪（μ-FTIR，Thermo Scientific，Nicolet iN10）鉴定从土壤中分离的微塑料样品成分。

选定透射模式后，设置波长范围 650～4 000/cm，分辨率 4/cm，样点扫描次数 32 次，采集时间为 3s，获取并导出每个目标物表面的红外光谱图。用 OMNIC 软件（Thermo Fisher Scientific）识别选定样品的光谱，并与聚合物标准光谱库进行对比筛选，以确定微塑料的化合物类型。当光谱图识别匹配度超过 70%时，样品可确定为对应的成分，而得分低于 70%的样品不被计算为该项目类型[25-26]。

### 7.1.3 结果与分析

#### 7.1.3.1 微塑料丰度

用 100g 风干土壤中微塑料的个数表示微塑料丰度（items/kg）。检测结果显示，在新疆阿拉尔市和胡杨河市 60 个采样点农田土壤中均检测到了微塑料，不同覆膜年限 0～60cm 土层中微塑料丰度为（200±57.7）～（933±154.2）items/kg。调查发现，新疆棉田覆膜时间普遍较长，未能完全回收、残留在农田土壤中的地膜可能是微塑料污染的潜在来源。从 10～20cm 土壤层开始，微塑料丰度随着土层深度的增加而逐层降低（图 7－1），说明微塑料可能正从浅层逐渐向深层土壤扩散迁移，这可能是由于土壤地表风化加之翻耕、滴灌等农事活动导致微塑料开始向土壤深处渗透。以连续覆膜10年的棉田为例，0～10、10～20、20～30、30～40、40～50、50～60cm土层的土壤中微塑料丰度分别为（600±25.8）、（710±45.8）、（560±47.6）、（420±24.9）、（280±29.1）、（190±18.0）items/kg。此外，长期覆膜棉田土壤中的微塑料丰度也随覆膜年限的增长而显著增加。连续覆膜30年的棉田，0～60cm土层中微塑料平均丰度为（785±25.7）items/kg；而连续覆膜5、10、15、20、25年土壤微塑料平均丰度分别为（368±32.4）、（460±25.5）、（533±1.97）、（600±18.4）和（667±6.1）items/kg，明显低于连续覆膜30年的棉田土壤。

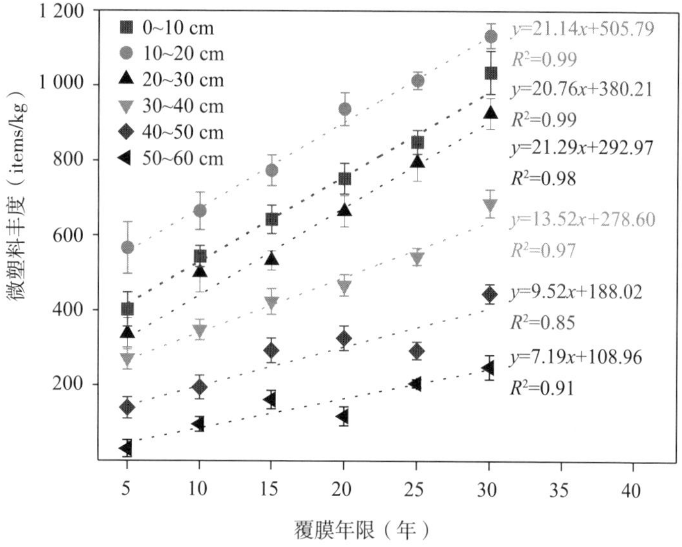


图7-1　不同覆膜年限各土壤深度的微塑料丰度

#### 7.1.3.2　微塑料形貌特征

显微镜观测结果显示，不同覆膜年限微塑料形状与表面特征存在差异。土壤中微塑料形状主要有碎片状、纤维状和颗粒状（彩图4）。碎片状（彩图4a）微塑料形状多样、不规则；颗粒状（彩图4b）

微塑料主要呈现为椭球状，边缘较为破碎；纤维状（彩图 4c）微塑料主要呈现弯曲状或缠绕在一起，一般为细小的丝线状或极细的条状。

不同覆膜年限不同形状微塑料分布如图 7-2 所示。长期覆膜棉田土壤中微塑料主要为碎片状，颗粒状次之，纤维状占比最小。其中，0～40cm 土层中微塑料以碎片、纤维和颗粒状形态存在，而 40～60cm 土层中微塑料以纤维和颗粒状为主。

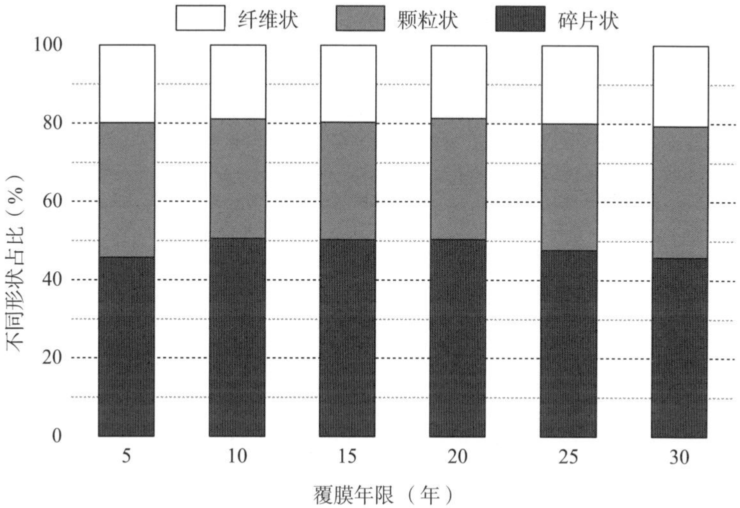


图 7-2　不同覆膜年限不同形状微塑料分布

在土壤环境中，机械、化学和生物过程均会影响微塑料的表面形貌，微塑料表面变粗糙并逐渐出现开裂的纹理是典型的降解过程。SEM 能够进一步观察到微塑料表面的微观变化，如图 7-3 所示，碎片状微塑料（图 7-3a、b、c）表面较为均匀，但有许多孔洞（图 7-3a、b），这些孔洞可能是土壤中的残膜碎片被风化引起的，还有一些会出现不规则的断裂和扭转（图 7-3c），可能是塑料薄膜在农业生产活动中受到了某些外力撕扯作用导致的；纤维状微塑料表面有许多细小的丝状物和裂纹（图 7-3d、e），这可能与纤维的降解有关，发生卷曲和开裂的纤维能吸附土壤中的有机和无机污染物；颗粒状微塑料表面凹凸不平，附着有不定型的物质碎屑（图 7－3f），这些物质结构形状多样，可能是被持续氧化造成的。此外，EDS 能谱分析结果表明，在微塑料的表面检测到二氧化硅（$SiO_2$），它可以影响微塑料表面形态和其他性质；还有一些金属元素（Na、Al、Pt）吸附在微塑料表面，能够改变土壤结构，进一步对土壤造成污染。

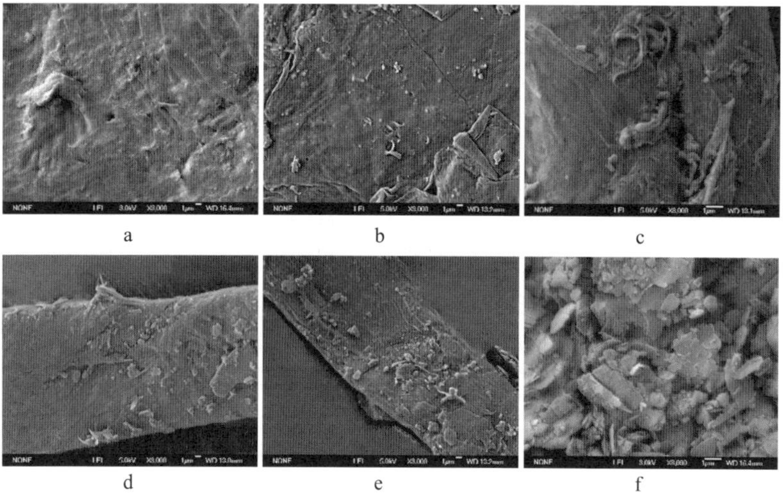


图 7－3　土壤中不同形态微塑料的电镜图像

a～c. 碎片状　d～e. 纤维状　f. 颗粒状

#### 7.1.3.3　微塑料成分鉴定

利用 μ-FTIR 光谱对分离的微塑料组成成分进行鉴定与分析（图 7－4），发现共有 7 个特征峰，719.4～721.7、1 003.5～1 017.8 和 1 535.9～1 538.2/cm 处的吸收峰反映了聚乙烯的构象结构，1 463.1～1 466.1/cm 处的饱和吸收峰对应于$-CH_2$ 的扭转振动，2 850.1～2 853.7 和 2 917.7～2 924.1/cm 处的饱和吸收峰分别对应于饱和$-CH_2$ 的对称和反对称伸缩振动。通过与 μ-FTIR 光谱鉴别图谱库中的标准谱图对比，结果与聚乙烯（PE）材料光谱特征峰值具有97.52%的相似性，因此，可以确认研究地区棉田土壤中的微塑料主要成分为PE材料。

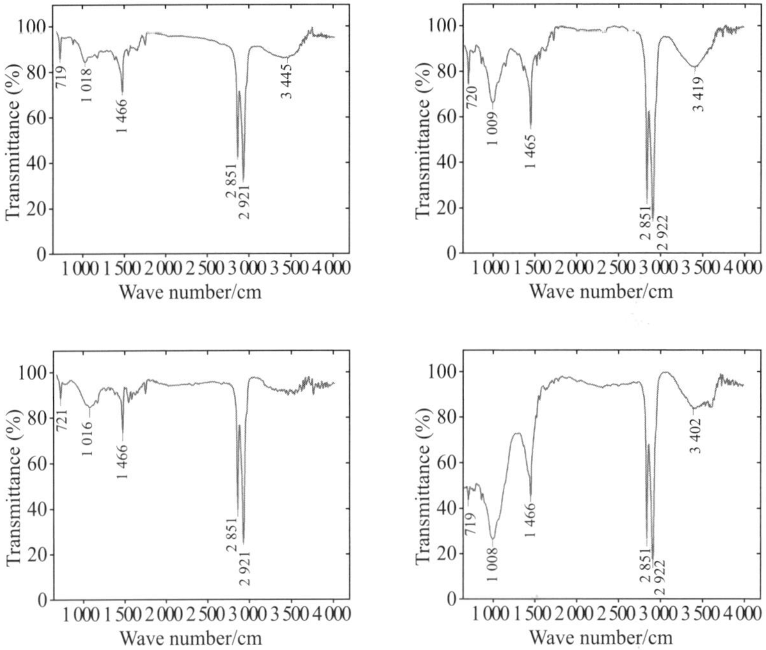


图7-4 棉田土壤微塑料的 μ-FTIR 光谱分析

## 7.2 河套灌区土壤微塑料

### 7.2.1 样品采集

(1) 取样点概况

在内蒙古自治区内，结合沿黄灌区的农作区域、主要种植模式和土壤性质等特点，沿黄河流域“几”字形区域选取取样点，选定包括9个县（区、旗）的50个样点，记录取样点经纬度。通过问卷调查方式，详细统计取样点的农业投入品和相关生产活动情况，调研内容包括5类共17项指标：取样点特征（当季作物、产量、近五年作物、耕作类型、耕作深度)、土壤(土壤类型、土壤质地)、气候(年降水量、年均气温)、覆膜管理(覆膜年限、地膜颜色、回收模式)、有机肥施用(有机肥类型、年施肥量、施用年限)、灌溉管理(灌水类型、年灌溉量)等。

(2) 取样方法

采用"五点采样法"对各样点农田土壤样品进行取样。用不锈钢铲采集样地耕层 0～30cm 的土壤样品(单次采样约 500g),混匀后保存于棉质封口袋。将采集好的土壤样品做好标记后带回实验室,于阴凉、洁净、干燥处风干待测。将风干样品分别过筛孔直径为 5mm 的不锈钢标准筛,去除>5mm 的树枝、石头等大型杂物,相同样点的样品均匀混合后保存于玻璃瓶并在阴凉、干燥处保存。

### 7.2.2 土壤微塑料分离与检测

按照分离与纯化、染色、计量与红外鉴定的步骤检测土壤中的微塑料污染指标(图 7-5)。

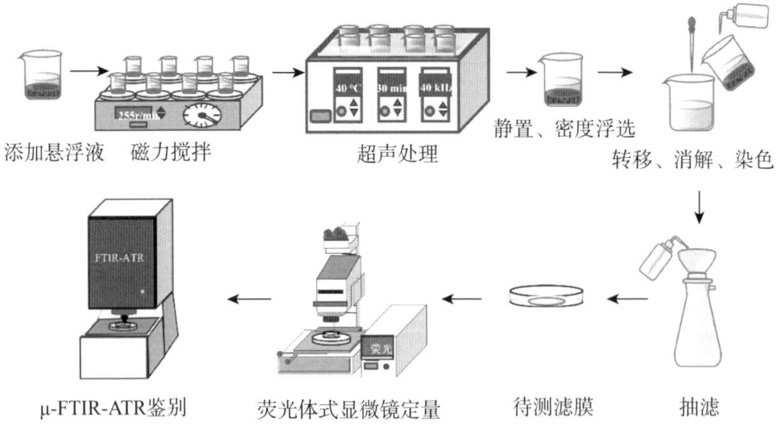


图 7-5 土壤微塑料分离检测流程示意图

（1）微塑料分离与纯化

准确称量 5g 经前处理的土壤放入玻璃烧杯中。向烧杯中加入 150mL 经过滤的饱和 NaBr 溶液（$\rho=1.5g/cm^3$），用多联磁力搅拌器（255r/min）搅拌 30min 后将烧杯转移至超声清洗器，进行 30min 超声处理（40kHz，40℃），使土壤样品完全分散、微塑料充分悬浮。在室温下静态沉降 12h 后，将约 100mL 含有微塑料的上清液收集在烧杯中。向烧杯中加入 20mL 30% $H_2O_2$ 溶液 40℃水浴消解 2h。

（2）微塑料染色与计量

按照 1∶5 000 比例向消解处理后的溶液中滴加尼罗红染液。使用玻璃棒搅拌溶液并摇晃烧杯 1～2min，然后静置 30min 使溶液中的微塑料被均匀染色。使用玻璃制砂芯过滤器（10μm）借助真空泵抽滤溶液，将溶液中的微塑料收集在孔径为 0.22μm 的超细滤膜（MCE，Φ47mm）表面。使用尖镊子将滤膜转移至洁净的玻璃培养皿中待测。

在过滤分离后的 12h 内进行定量和鉴别，以避免荧光衰减和滤膜的翘曲。使用荧光体视显微镜在荧光模式、正常白光模式对已收集到微塑料的滤膜分区进行拍照并储存。通过比对荧光模式、白光模式的显微照片，统计微塑料的形状、颜色信息。借助 Image J 软件（Fiji），调整荧光模式显微图像的阈值和检测限，对目标微塑料进行详细的尺寸分析和形状描述分析，得到微塑料面积、周长、尺寸和数量等数据并将结果保存到 Excel 表格中。

（3）微塑料鉴定

通过比对荧光模式和白光模式显微照片确定微塑料样点。在每个样品的滤膜表面挑选至少 30 个微塑料样点，使用傅里叶显微红外光谱仪 ATR 模式（μ-FTIR-ATR）测量微塑料的红外光谱。设置波长范围 500～4 000/cm，分辨率 4/cm，样点扫描次数 64 次，对每个微塑料表面的 3 个区域测定红外光谱并矫正基线。在红外光谱谱库（Bruker）内检索聚合物标准谱图，相似度高于 70%则判定为该类型的聚合物。

（4）质量控制措施

为了防止二次微塑料污染，整个取样和实验过程尽可能使用表面光滑的不锈钢或玻璃制品，例如使用玻璃烧杯、玻璃制磁力搅拌子，尽可能避免使用塑料制品。涉及的实验器材在使用前用超纯水反复冲洗排除微塑料污染。在分离过程中，所有暴露在外的器皿都用铝箔覆盖以隔绝环境中的微塑料污染。使用超纯水制取设备制取试验所需超纯水。使用玻璃制砂芯过滤器借助真空泵使试验用水和溶液透过孔径为 0.22μm 超细滤膜，将经处理的水和溶液收集在洁净的玻璃容器内。经检验，经过该方法得到的试验用水和溶液中不含有微塑料。在整个实验过程中，都穿着棉衣或实验室外套。在整个实验过程中设置空白对照，并从最终结果中减去空白对照的微塑料。

（5）数据统计及分析

使用 Excel 2021 对分析的微塑料数量、尺寸、面积等数据信息进行统计和整理。使用 SPSS 对数据进行方差分析和显著性检验。使用 Origin 2022 进行图像绘制。

（6）涉及仪器及型号

见表 7－1。

**表 7－1　土壤微塑料测定的主要仪器及型号**

| 仪器 | 型号 |
|---|---|
| 超纯水制备设备 | Heal Force，SMART，China |
| 隔膜真空抽滤泵 | Jin Teng，GM-0.33，China |
| 砂芯过滤器 | Jin Teng，10μm，China |
| 超声波清洗机 | Shu Mei，KQ-300VDE，China |
| 多联磁力搅拌器 | Kylin Bell，GL-6250，China |
| 荧光显微成像系统 | Leica，LAS X，Germany |
| 傅里叶变换红外显微光谱仪 | Bruker，Lumos，Germany |

### 7.2.3 结果与分析

#### 7.2.3.1 微塑料丰度

检测结果显示，河套灌区农田土壤中均检出了微塑料污染，微塑料丰度范围在 181～11 310 items/kg。对整体的丰度和各单项指标进行单因素方差分析的结果显示，仅有地膜回收模式这一单一指标显著影响了土壤微塑料丰度（$P<0.05$）。对整体丰度和各项影响因素进行多因素方差分析结果发现，取样点的样点耕作信息（耕作类型、耕作深度）和土壤（质地、类型）显著影响了微塑料污染分布（$P<0.05$）。在耕作过程中，微塑料在农机具作用下在耕层中重新分布，分布过程又受到土壤基本性质的影响。覆膜管理（覆膜年限、回收模式）是影响微塑料污染分布的重要因素，有着更短覆膜年限（5～10 年）的样点中检出的微塑料丰度显著低于最长覆膜年限样点（≥30 年）的检出值。值得关注的是，单一的覆膜年限指标并未对各个样点的微塑料丰度产生影响，但覆膜年限和回收模式对微塑料丰度存在着显著的交互作用。这表明，虽然地膜是土壤中微塑料的潜在输入源，但高回收率将通过降低地膜残留减缓微塑料的累积污染效应。

对潜在影响因素与微塑料丰度构建了随机森林回归模型，通过基尼指数的排序衡量了影响因素的重要性，结果发现，耕作深度、覆膜年限、土壤类型、回收模式是微塑料丰度现状的最主要的影响因素（图 7-6）。

#### 7.2.3.2 微塑料形态分布

将检出的微塑料按粒径尺寸大小分为 6 个等级：20～50、50～100、100～200、200～500、500～1 000 和 1 000～5 000μm。微塑料尺寸与比例分布符合高斯分布，其中在 50～100μm 尺寸等级中的微塑料的分布最为集中。将微塑料的尺寸和累积频率拟合曲线后计算发现，在累积频率为 90%时，微塑料尺寸为 180μm。微塑料尺寸大小结果表明，土壤中的毫米级微塑料较少，微塑料整体处于相对较小的尺寸范围内。在较短的覆膜年限（5～10

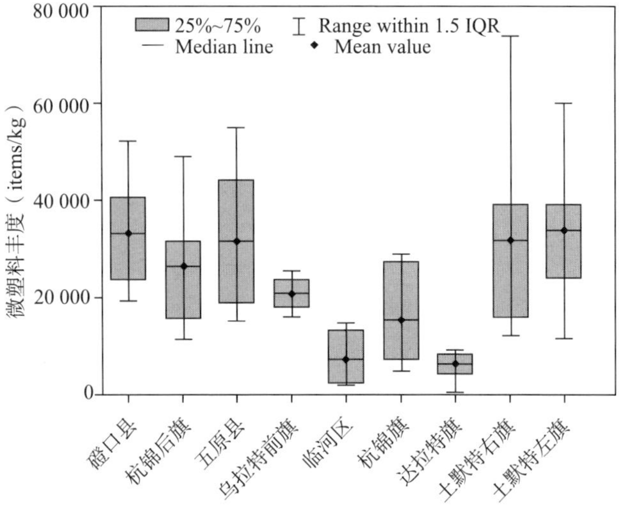


a

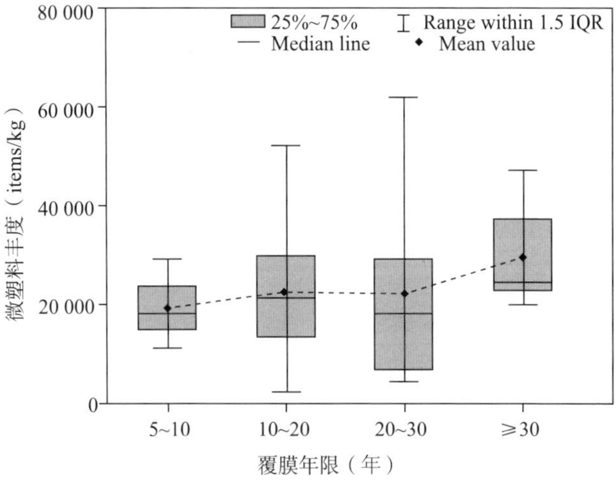


b

图 7-6　河套灌区农田土壤微塑料丰度

a. 土壤微塑料丰度的空间分布图　b. 不同覆膜年限土壤中的微塑料丰度

年）样本中检出的 1 000～5 000μm 大尺寸微塑料和 20～50μm 小尺寸微塑料均高于长覆膜年限组。这表明，在长时间的覆膜及耕作后，微塑料尺寸发生了变化，大尺寸微塑料逐渐破碎为更小尺寸的微塑料；在自然及人为扰动下，最小尺寸范围等级（20～50μm）微塑料更容易发生纵向迁移，因此并未发现明显积累（彩图 5）。

检出的微塑料形状分为四类：薄膜、纤维、颗粒和碎片。整体来看，碎片状是检出最多的微塑料形状。在不同覆膜年限的样本中，5～10 年组内检出的薄膜状微塑料平均比例为 35%，该组检出该丰度显著高于≥30 年组的检出结果（平均比例 8%）。地膜在光热老化、机械磨损和微生物等的降解作用下释放出微塑料，且释放微塑料形状以薄膜状为主，然而随着微塑料在土壤中的进一步降解，薄膜形状难以长久维持和累积，从而向碎片或颗粒状转化。因此，形状比例结果中，薄膜状微塑料占比降低明显（彩图 6）。

#### 7.2.3.3 微塑料成分鉴定

整体来看，土壤样品中检测到的微塑料聚合物类型包括 PE、PA、PP、Rubber、聚苯乙烯（PS）、PVC 等。其中，PE（43.0%）和 PA（27.8%）是观察到的最主要的聚合物类型。为了确定影响 PE 微塑料比例的主要因素，采用随机森林模型对潜在影响因素的重要性进行排序。排在前三位的影响因素为耕层深度、覆盖年限和土壤类型。耕作深度对农田土壤中 PE 微塑料的比例有重要影响。更深的翻耕深度可能会使微塑料混合进入深层土壤，从而导致微塑料聚合物比例发生变化。检测结果表明，随着覆膜年限的增加，PE 微塑料的比例增加。单因素方差分析结果发现，覆膜年限显著影响 PE 微塑料占比。多因素方差分析结果发现，覆膜年限和回收模式对 PE 微塑料占比产生了显著的交互作用。这表明 PE 微塑料在土壤中的累积受覆膜管理措施的影响，长时间覆盖地膜使 PE 微塑料在农田土壤中累积和持久存在，这样的累积效应可能超过耕作等农事活动对微塑料聚合物占比的扰动。土壤类型并未对微塑料类型占比产生显著影响，但该指标作为影响微塑料占比的重要因素之一，可能在微塑料迁移和降解中起到了部分影响（彩图7）。

## 7.3 华北集约农区土壤微塑料

### 7.3.1 样品采集

2019年8—10月选择山东省（SD，36°26′—37°20′N，116°29′—120°03′E）青岛市、德州市和寿光市集约农区15个样点进行土壤样品的收集，包括常规覆膜（M）和温室大棚（G）两种典型的种植模式，采样时在每个样点随机选取15个点，用土钻（直径3cm）取0～10cm土层的土样，充分混匀后采用四分法取样装入布袋带回实验室。将土壤平摊在牛皮纸上于干净的房间中充分风干，剔除肉眼可见的秸秆和石砾，将风干的土壤样品通过2mm不锈钢筛后储存在铁盒中，用于后续分离和鉴定土壤样品中的微塑料。整个操作过程中穿戴棉质试验服和乳胶手套，实验过程中的铁盒均用去离子水清洗干净，备用时用锡纸包裹存放。避免使用塑料产品，以减少二次污染。

### 7.3.2 土壤微塑料分离与检测

根据粒径50～2 000μm级的微塑料检测方法，称取10g（干土重）过2mm筛的土壤样品至干净的250mL烧杯A中，烧杯A中加入200mL密度为1.18g/$cm^3$的NaCl溶液，400r/min搅拌20min，静置一夜；用去离子水运移烧杯中的漂浮物至新烧杯B中；继续400r/min搅拌烧杯A中残留的液体20min，静置，再次运移漂浮物至烧杯B中，丢弃烧杯A中的物质，将烧杯B中混合溶液静置1h左右；用去离子水运移烧杯中的漂浮物至孔径为48μm的不锈钢滤网中；用消解液2（10% NaOH溶液）（约20mL）将滤网上的漂浮物冲洗并运移至小玻璃瓶中，置于50℃的水浴锅中消解6h；将消解后玻璃瓶中的漂浮物过孔径为48μm的不锈钢滤网，用去离子水将滤网上的物质冲洗并运移至干净的烧杯C中，按1∶2 000（尼罗红∶水）的比例向盛有漂浮物的烧杯C中加入尼罗红溶液（240μg/mL）染色30min。染色后用真空过滤装置将悬浮物过滤至0.2μm的水系滤膜（直径为60mm）上，24h内用荧光显微镜（Leica M165 FC）拍照，每张滤膜上选取5个点分别用白光和荧光进行拍照，并准确地标出拍照位置用于后续的傅里叶变换红外光谱（FTIR）分析鉴定微塑料成分，傅里叶变换显微红外光谱仪（Bruker）检测波数范围为400～4 000/cm，分辨率为4/cm，扫描次数为64次。

用Fiji Image J软件处理统计每张荧光照片中微塑料的数量及形态特征。使用Image J软件过程中，首先将图片调整为8-bit灰度图，调整图像的对比度和阈值，尽可能地保证所有颗粒碎片都包括在内（所有粒径大于50μm的计算在内）。

每个滤膜上微塑料数量$N$的计算公式为：

$$N=n\times\frac{S_1}{S_2\times 5}$$

式中，$n$为每张荧光照片中微塑料含量；$S_1$为滤膜上过滤物平铺面积，$d=45\text{mm}$，$S_1=\pi\ (d/2)^2=1\ 589.63\text{mm}^2$；荧光照片面积$S_2=4.35\text{mm}\times 3.2\text{mm}=13.92\text{mm}^2$；常数5为每个滤膜上选取拍照点的个数。

土壤中的微塑料丰度以每千克干土中微塑料的个数来表示，单位为个/千克（items/kg）。

### 7.3.3 结果与分析

#### 7.3.3.1 微塑料丰度

研究结果发现，在山东集约农区15个样点中均检测到了微塑料，常规覆膜和温室大棚种植条件下土壤微塑料丰度不同（图7-7）。温室大棚种植条件下（G）农田土壤中的微塑料含量高于常规覆膜（M），但二者之间差异不显著（$P>0.05$），微塑料平均丰度分别为（48 298±22 170）和（34 878±14 685）items/kg。温室大棚中覆盖地膜是设施农业种植过程中典型的覆膜方式，这是温室大棚种植条件下微塑料丰度高于常规覆膜区域的主要原因。

微塑料厚度按 10μm、密度按 1g/cm$^3$，根据测定的面积与密度进行估算，温室大棚和常规覆膜种植条件下土壤中微塑料质量分别为（5.82±2.83）和（5.51±3.38）mg/kg。

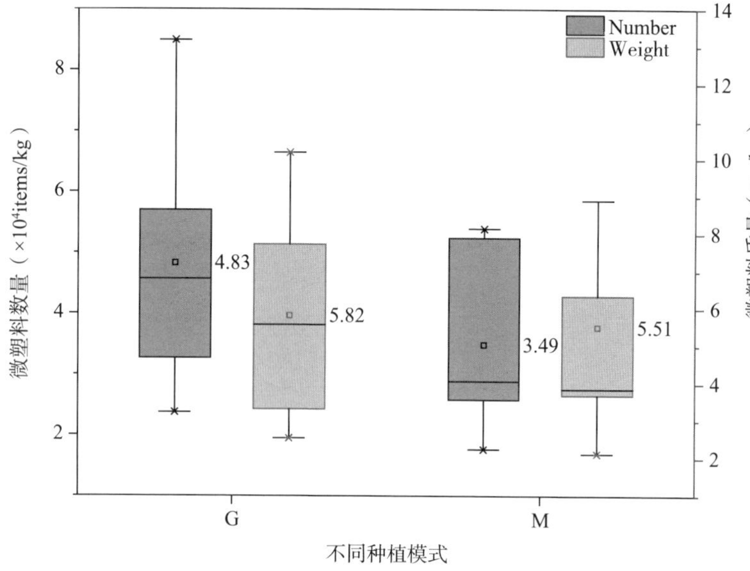


图 7-7 不同种植模式下土壤中微塑料数量及质量

#### 7.3.3.2 微塑料形貌特征

温室大棚与常规覆膜两种种植条件下农田土壤中检测出来的微塑料形态各异，主要有薄膜状、片状、纤维状和颗粒状（彩图 8），但其面积、周长、粒径和长宽比差异不显著（$P>0.05$），微塑料面积、周长、粒径和长宽比平均值分布情况如图 7-8 所示。其中，检测出的微塑料面积最大值为 $6.53\times10^4$ mm$^2$，最小值为 $5.95\times10^3$ mm$^2$；不同位点土壤样品中微塑料平均粒径范围为 141.48～396.08μm，长宽比范围为 2.04～4.57。山东集约农区土壤微塑料以薄膜和颗粒状为主，主要是白色、透明的膜状塑料；此外还有黑色膜状微塑料和少量粉色线状微塑料存在，表明微塑料主要来源于塑料棚膜或者地膜、塑料包装袋等；线状微塑料可能来自温室大棚支架及设施蔬菜种植过程中使用的塑料绳或者布条等。

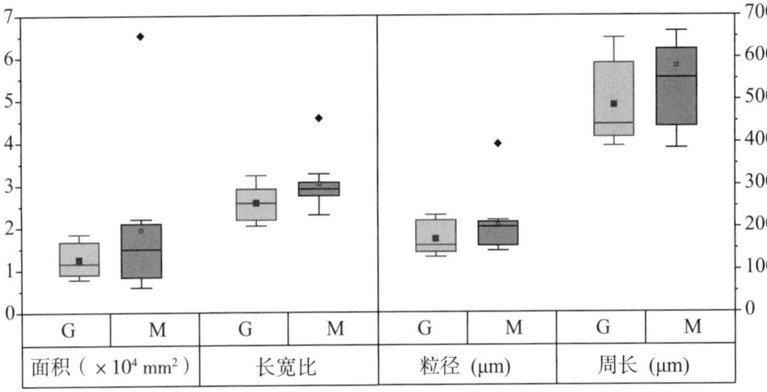


图 7-8　不同覆膜方式下土壤微塑料面积、长宽比、粒径和周长分布
G 和 M 分布代表温室大棚和常规覆膜

将检测的微塑料按粒径大小分为 6 个等级（图 7-9）：class1（50～100μm）、class2（100～250μm）、class3（250～500μm）、class4（500～1 000μm）、class5（1 000～2 000μm）、class6（2 000～5 000μm）。不同种植条件下农田土壤中 class1 和 class2 2 种小粒径等级的微塑料占较大比例，高达 80%以上。山东集约农区土壤中粒径范围为 50～100μm 和 100～250μm 的微塑料占比分别为 42.58%和 41.93%，且微塑料丰度随粒径变大而减少。山东集约农区温室大棚种植条件下土壤中圆形度为 0.5～1 的微塑料占比为 64.10%，说明山东温室大棚土壤中微塑料以圆形居多。不同形状及粒径分布可能与土地利用方式有关。

#### 7.3.3.3 微塑料成分

用傅里叶衰减全反射红外光谱（FTIR）对检测出的微塑料颗粒进行红外光谱鉴定，以确定微塑料的成分。在山东集约农区检测出的微塑料主要有 5 种（图 7-10），包括聚乙烯（PE）、聚丙烯

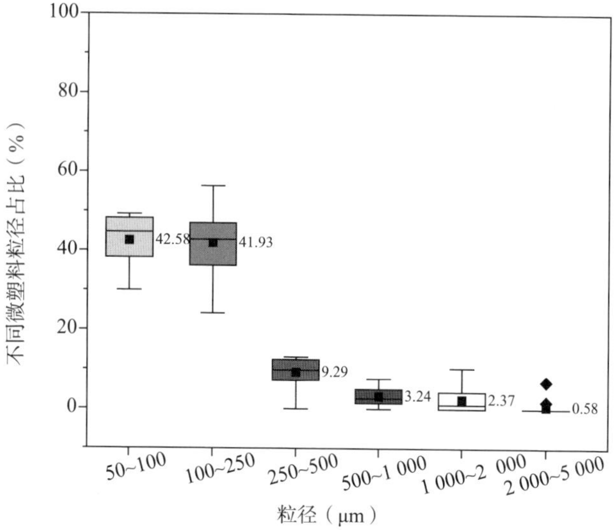


图 7-9　不同粒径等级的土壤微塑料分布

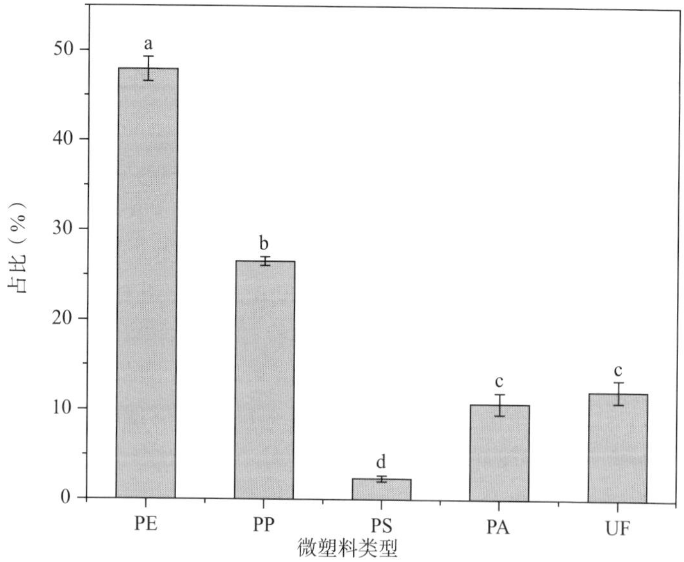


图 7-10　不同类型微塑料占比

不同字母代表差异显著

(PP)、聚苯乙烯（PS)、聚酰胺（PA）和脲-甲醛树脂（UF)，其中 PE 类微塑料占比最高，为 47.9%；PP 次之，占比为 26.54%；UF、PA 和 PS 占比分别为 12.14%、10.73%和 2.34%。不同类型微塑料红外谱图如图 7-11 所示。聚乙烯（PE）主要应用于地膜、食品包装膜、管道、家用电器及医疗器械等；聚丙烯（PP）可用于制作温室气篷、农具、渔网等，还可制作食品袋和饮料包装瓶，广泛存在于陆地环境中。笔者检测到的土壤中微塑料主要为 PE 和 PP，推测农膜包括棚膜和地膜可能是农田土壤微塑料的主要来源。脲甲醛（UF）作为缓、控释肥料的主要组成成分，被广泛应用于农田土壤中，尤其是集约农区，肥料施用量大，施肥也成为农田土壤中微塑料的主要来源之一。聚酰胺（PA）主要用作尼龙、工业用布、医用器具、针织品、渔网、肥料和农药包装袋等，广泛

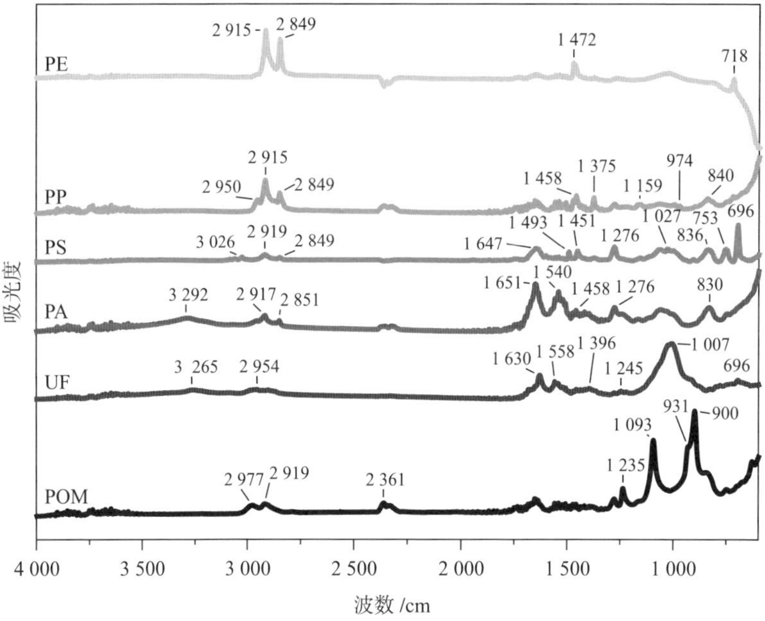


图 7-11　不同类型微塑料的红外谱图

存在于农业生产中；聚苯乙烯（PS）被应用于制作透明薄膜、日用装潢和包装等，在温室大棚土壤微塑料中所占的比例显著高于常规覆膜。塑料种类繁多、应用广泛及其不易降解性，使塑料残留物（包括微塑料及纳米塑料）在土壤环境中的累积成为问题，深入探究微塑料的来源划分十分必要。

# 参 考 文 献


[1] THOMPSON R C, OLSEN Y, MITCHELL R P, et al. Lost at Sea Where Is All the Plastic [J]. Science Advances, 2004, 304: 1.

[2] LIU M, LU S, SONG Y, et al. Microplastic and mesoplastic pollution in farmland soils in suburbs of Shanghai, China [J]. Environmental Pollution, 2018, 242 (Pt A): 855-862.

[3] HURLEY R R, NIZZETTO L. Fate and occurrence of micro (nano) plastics in soils: Knowledge gaps and possible risks [J]. Current Opinion in Environmental Science & Health, 2018, 1: 6-11.

[4] RILLIG M C. Microplastic in terrestrial ecosystems and the soil? [J]. Environmental Science & Technology, 2012, 46 (12): 6453-6454.

[5] HORTON A A, WALTON A, SPURGEON D J, et al. Microplastics in freshwater and terrestrial environments: Evaluating the current understanding to identify the knowledge gaps and future research priorities [J]. Science of the Total Environment, 2017, 586: 127-141.

[6] GALL S C, THOMPSON R C. The impact of debris on marine life [J]. Marine Pollution Bulletin, 2015, 92 (1-2): 170-179.

[7] QI R, JONES D L, LI Z, et al. Behavior of microplastics and plastic film residues in the soil environment: A critical review [J]. Science of the Total Environment, 2020, 703: 134722.

[8] NIZZETTO L, FUTTER M, LANGAAS S. Are Agricultural Soils Dumps for Microplastics of Urban Origin? [J]. Environmental Science & Technology, 2016, 50 (20): 10777-10779.

[9] YANG X, BENTO C P M, CHEN H, et al. Influence of microplastic addition on glyphosate decay and soil microbial activities in Chinese loess soil [J]. Environmental Pollution, 2018, 242 (Pt A): 338-347.

[10] DE SOUZA MACHADO A A, KLOAS W, ZARFL C, et al. Microplastics

as an emerging threat to terrestrial ecosystems [J]. Global Change Biology, 2018, 24 (4): 1405-1416.

[11] HUERTA LWANGA E, GERTSEN H, GOOREN H, et al. Microplastics in the Terrestrial Ecosystem: Implications for *Lumbricus terrestris* (Oligochaeta, Lumbricidae) [J]. Environmental Science & Technology, 2016, 50 (5): 2685-2691.

[12] SCHEURER M, BIGALKE M. Microplastics in Swiss Floodplain Soils [J]. Environmental Science&Technology, 2018, 52 (6): 3591-3598.

[13] ZHANG G S, LIU Y F. The distribution of microplastics in soil aggregate fractions in southwestern China [J]. Science of the Total Environment, 2018, 642: 12-20.

[14] ALIMI O S, FARNER BUDARZ J, HERNANDEZ L M, et al. Microplastics and Nanoplastics in Aquatic Environments: Aggregation, Deposition, and Enhanced Contaminant Transport [J]. Environmental Science & Technology, 2018, 52 (4): 1704-1724.

[15] SONG Y K, HONG S H, JANG M, et al. A comparison of microscopic and spectroscopic identification methods for analysis of microplastics in environmental samples [J]. Marine Pollution Bulletin, 2015, 93 (1-2): 202-209.

[16] TAGG A S, SAPP M, HARRISON J P, et al. Identification and Quantification of Microplastics in Wastewater Using Focal Plane Array-Based Reflectance Micro-FT-IR Imaging [J]. Analytical Chemistry, 2015, 87 (12): 6032-6040.

[17] VELZEBOER I, KWADIJK C J, KOELMANS A A. Strong sorption of PCBs to nanoplastics, microplastics, carbon nanotubes, and fullerenes [J]. Environmental Science & Technology, 2014, 48 (9): 4869-4876.

[18] GIGAULT J, PEDRONO B, MAXIT B, et al. Marine plastic litter: the unanalyzed nano-fraction [J]. Environmental Science: Nano, 2016, 3 (2): 346-350.

[19] KOELMANS A A, MOHAMED NOR N H, HERMSEN E, et al. Microplastics in freshwaters and drinking water: Critical review and assessment of data quality [J]. Water Research, 2019, 155: 410-422.

[20] TORRE M, DIGKA N, ANASTASOPOULOU A, et al. Anthropo-

genic microfibres pollution in marine biota：A new and simple methodology to minimize airborne contamination [J]. Marine Pollution Bulletin，2016，113（1-2）：55-61.

[21] BAI R，FAN R，XIE C，et al. Microplastics are overestimated due to poor quality control of reagents [J]. Journal of Hazardous Materials，2023，459.

[22] HERMSEN E，MINTENIG S M，BESSELING E，et al. Quality Criteria for the Analysis of Microplastic in Biota Samples：A Critical Review [J]. Environmental Science & Technology，2018，52（18）：10230-10240.

[23] QIU Q X，TAN Z，WANG J D，et al. Extraction，enumeration and identification methods for monitoring microplastics in the environment [J]. Estuarine Coastal and Shelf Science，2016，176：102-109.

[24] ZHANG S，YANG X，GERTSEN H，et al. A simple method for the extraction and identification of light density microplastics from soil [J]. Science of the Total Environment，2018，616-617：1056-1065.

[25] NUELLE M T，DEKIFF J H，REMY D，et al. A new analytical approach for monitoring microplastics in marine sediments [J]. Environmental Pollution，2014，184：161-169.

[26] ZHOU Q，ZHANG H，FU C，et al. The distribution and morphology of microplastics in coastal soils adjacent to the Bohai Sea and the Yellow Sea [J]. Geoderma，2018，322：201-208.

[27] SHIM W J，HONG S H，EO S E. Identification methods in microplastic analysis：a review [J]. Analytical Methods，2017，9（9）：1384-1391.

[28] 国务院第三次全国土壤普查领导小组办公室．第三次全国土壤普查技术规程规范 [EB]. 2023. https：//nyncw. cq. gov. cn/ztzl _ 161/rdzt/dscqgtrpc _ 347647/zcwj _ 347648/202309/t20230922 _ 12368453 _ wap. html.

[29] 辽宁省市场监督管理局．农田土壤地膜残留量检测技术规程 [S]. 2021. DB21T 3535—2021.

[30] CLAESSENS M，VAN CAUWENBERGHE L，VANDEGEHUCHTE M B，et al. New techniques for the detection of microplastics in sediments and field collected organisms [J]. Marine Pollution Bulletin，2013，70（1-2）：227-233.

[31] CORCORAN P L，NORRIS T，CECCANESE T，et al. Hidden plastics

of Lake Ontario, Canada and their potential preservation in the sediment record [J]. Environmental Pollution, 2015, 204: 17-25.
[32] FOK L, CHEUNG P K. Hong Kong at the Pearl River Estuary: A hotspot of microplastic pollution [J]. Marine Pollution Bulletin, 2015, 99 (1-2): 112-118.
[33] 程万莉，樊廷录，王淑英，等．我国西北覆膜农田土壤微塑料数量及分布特征 [J]. 农业环境科学学报，2020，39 (11)：8.
[34] 宋小卫，吴晓凤，宋小平，等．微塑料的提取分离方法研究进展 [J]. 环境化学，2022，41 (3)．
[35] HURLEY R R, LUSHER A L, OLSEN M, et al. Validation of a Method for Extracting Microplastics from Complex, Organic-Rich, Environmental Matrices [J]. Environmental Science & Technology, 2018, 52 (13): 7409-7417.
[36] COLE M, WEBB H, LINDEQUE P K, et al. Isolation of microplastics in biota-rich seawater samples and marine organisms [J]. Scientific Reports, 2014, 4: 4528.
[37] 张伟平．农田土壤微塑料的分离及其对污染物的吸附特征研究 [D]. 郑州：河南大学，2020.
[38] COLE M. A novel method for preparing microplastic fibers [J]. Scientific Reports, 2016, 6: 34519.
[39] 刘梦婷．上海郊区主要类型土壤中微塑料污染特征研究 [D]. 上海：华东师范大学，2020.
[40] JIA W, KARAPETROVA A, ZHANG M, et al. Automated identification and quantification of invisible microplastics in agricultural soils [J]. Science of the Total Environment, 2022, 844: 156853.
[41] 王琼杰，汪金晓雪，张勇，等．一种基于气浮法进行的微塑料分离方法 [P]. 2020. ZL201910333601. 7.

**图书在版编目（CIP）数据**

农田土壤微塑料检测技术手册 / 戚瑞敏等著. 北京：中国农业出版社，2024. 8. -- ISBN 978-7-109-32285-1

Ⅰ. X53-62

中国国家版本馆 CIP 数据核字第 2024FB6904 号

**农田土壤微塑料检测技术手册**

**NONGTIAN TURANG WEISULIAO JIANCE JISHU SHOUCE**

中国农业出版社

地址：北京市朝阳区麦子店街 18 号楼

邮编：100125

责任编辑：肖 邦

版式设计：王 晨 责任校对：吴丽婷

印刷：北京通州皇家印刷厂

版次：2024 年 8 月第 1 版

印次：2024 年 8 月北京第 1 次印刷

发行：新华书店北京发行所

开本：880mm×1230mm 1/32

印张：3.5 插页：2

字数：98 千字

定价：40.00 元

a　　b　　c

彩图 1　体视显微镜下不同形状的微塑料

a. 纤维状　b. 碎片状　c. 颗粒状

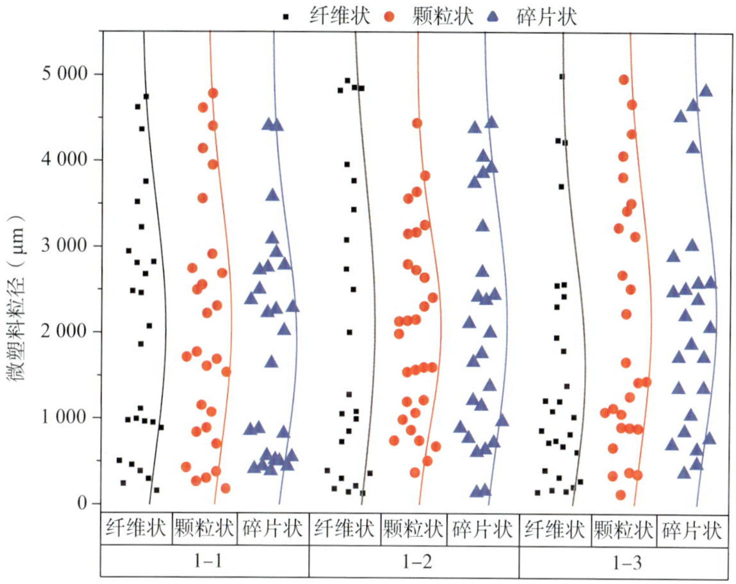


彩图 2　样品微塑料粒径和形状分布统计

1-1、1-2、1-3 分别表示三个实验组别，曲线表示不同实验组中不同形状微塑料粒径分布的拟合趋势

彩图 3　塑料残膜与土壤样品采集剖面

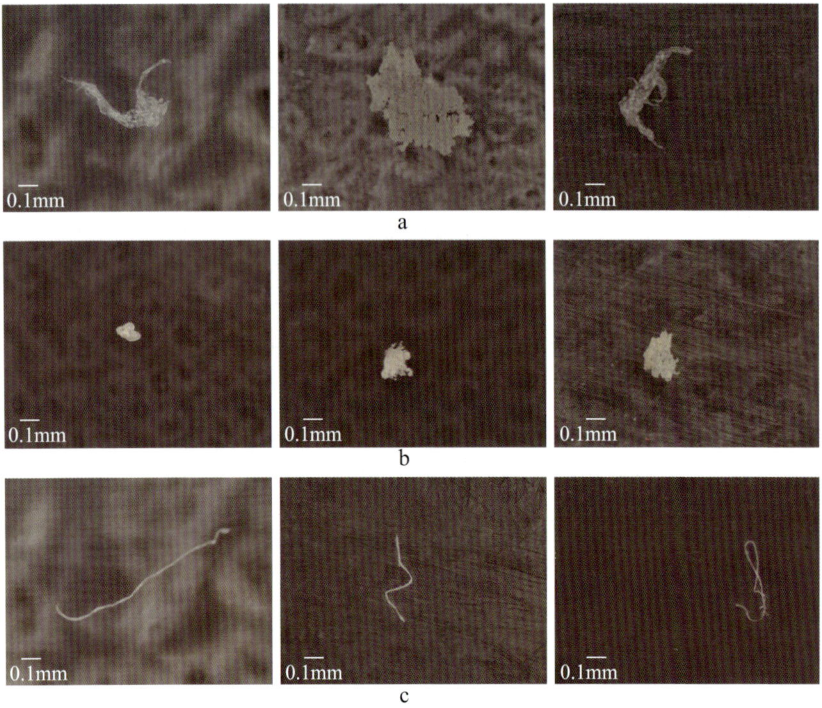


彩图 4　棉田土壤中不同形状的微塑料

a. 碎片状　b. 颗粒状　c. 纤维状

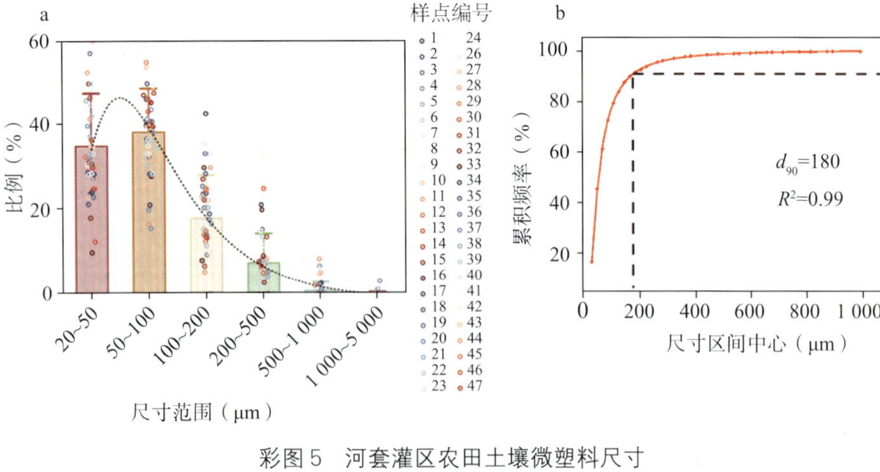


彩图 5　河套灌区农田土壤微塑料尺寸

a. 不同尺寸范围的土壤微塑料分布　b. 土壤微塑料的粒度分析曲线

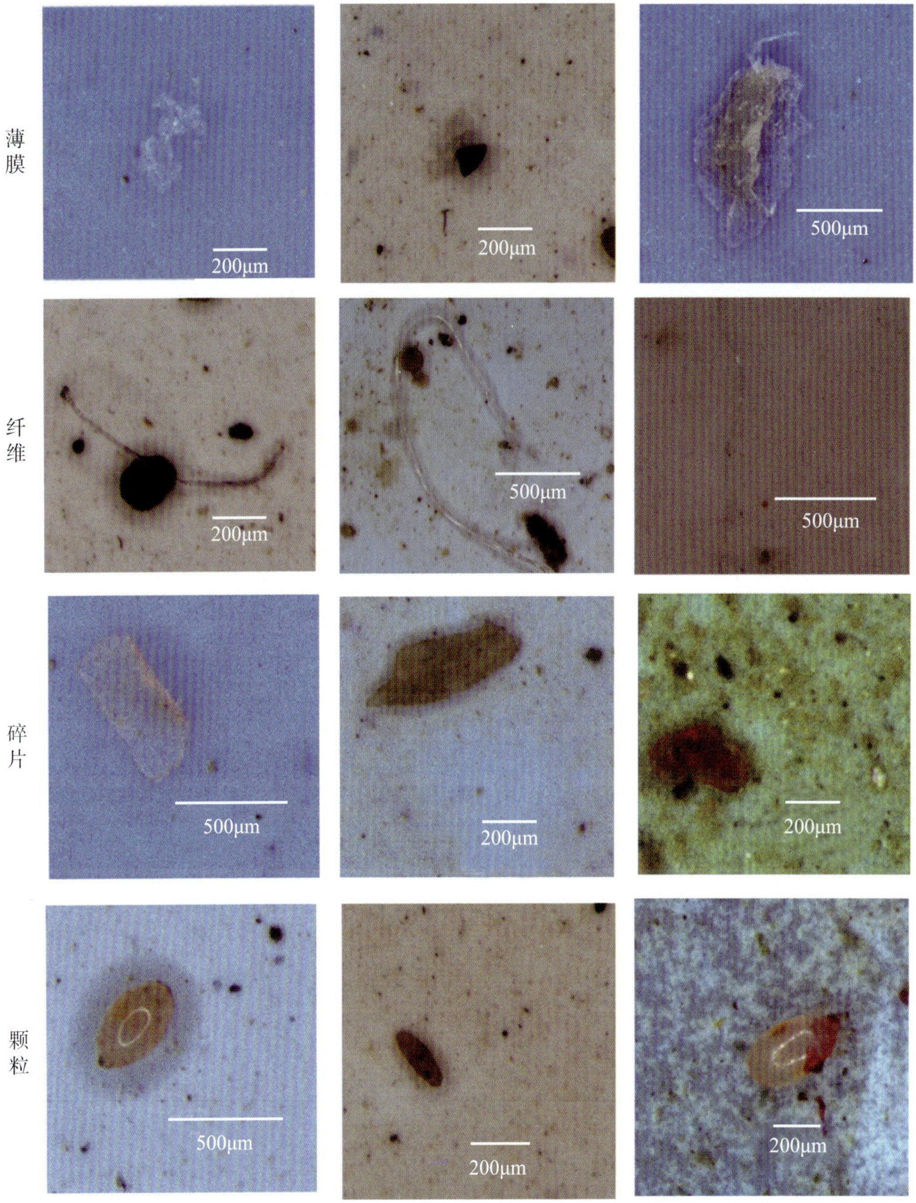


彩图 6　河套灌区农田土壤微塑料显微图像

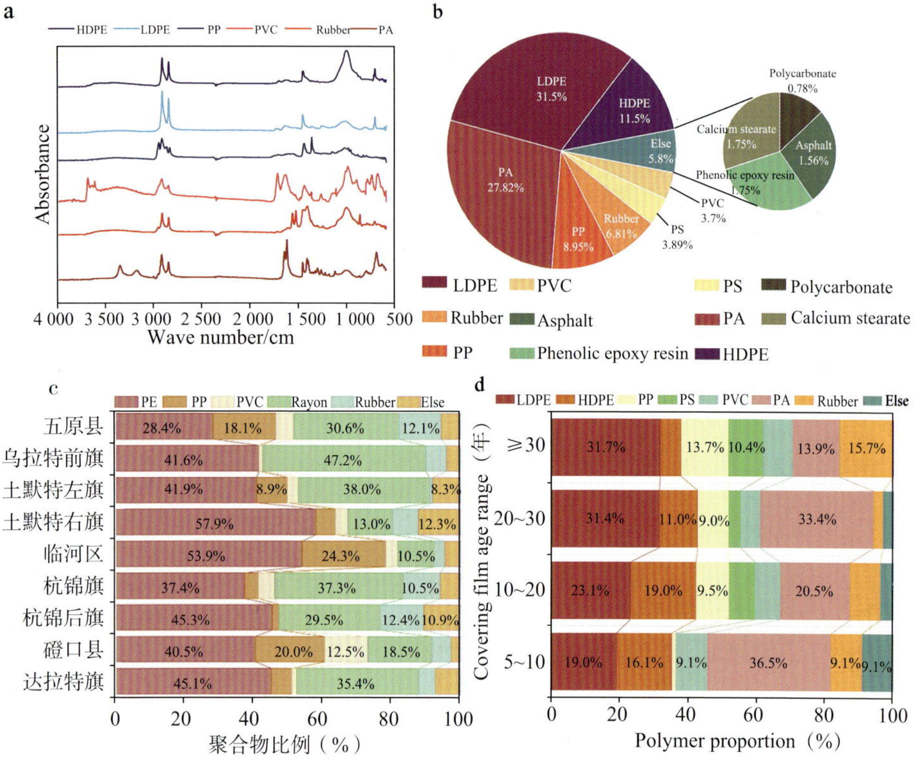


彩图7 河套灌区农田土壤微塑料聚合物类型及比例

a. 检出主要聚合物类型的土壤微塑料红外光谱图 b. 河套灌区土壤微塑料的聚合物类型占比
c. 不同旗（区、县）土壤微塑料的聚合物类型占比 d. 不同覆膜年限土壤微塑料的聚合物类型

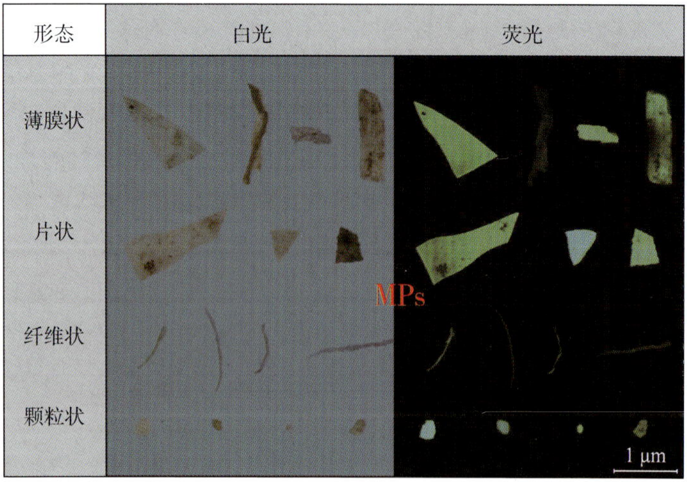


彩图8 白光及荧光显微镜下不同形态的微塑料